福建省社会科学基金项目（FJ2021C113）“闽南妈祖宫庙建筑空间研究”

闽南妈祖宫庙建筑空间研究

A Study of Minnan Mazu Temples' Architectural Space

叶　昱　著

中国建筑工业出版社

图书在版编目（CIP）数据

闽南妈祖宫庙建筑空间研究 = A Study of Minnan Mazu Temples' Architectural Space / 叶昱著. 北京：中国建筑工业出版社，2024. 12. -- ISBN 978-7-112-30299-4

Ⅰ. TU252

中国国家版本馆 CIP 数据核字第 2024PK2992 号

责任编辑: 陈小娟　陈海娇
责任校对: 赵　力

闽南妈祖宫庙建筑空间研究
A Study of Minnan Mazu Temples' Architectural Space
叶昱　著
*
中国建筑工业出版社出版、发行（北京海淀三里河路9号）
各地新华书店、建筑书店经销
北京光大印艺文化发展有限公司制版
建工社（河北）印刷有限公司印刷
*
开本：787毫米×960毫米　1/16　印张：14¼　字数：213千字
2025年2月第一版　2025年2月第一次印刷
定价：68.00 元
ISBN 978-7-112-30299-4
（43692）

如有内容及印装质量问题，请与本社读者服务中心联系
电话：（010）58337283　QQ：2885381756
（地址：北京海淀三里河路9号中国建筑工业出版社604室　邮政编码：100037）

前言

妈祖信仰和妈祖习俗总称妈祖信俗，2009 年 9 月 30 日，妈祖信俗被联合国教科文组织列入《人类非物质文化遗产代表作名录》，是中国首个信俗类的世界级遗产。妈祖信俗在中国沿海地区、内陆河道，以及世界各地华侨聚集的埠头分布较广，其影响力遍及多个国家和地区，但其空间载体——闽南妈祖宫庙却鲜有人关注。

闽南地区作为我国民间信俗最为兴盛的地域所在，在长期的历史发展过程中，有着丰富的民间信俗宫庙建筑遗存。闽南地区拥有浓厚的海洋文化底蕴，妈祖信俗盛行。作为妈祖信俗的物质载体，闽南妈祖宫庙建筑构成了闽南民间社会的文化景观，妈祖宫庙建筑在闽南地区分布广泛，数量众多，形成了闽南地区独有的妈祖信俗文化下的宫庙建筑类型。然而，这一具有重要价值的建筑类型却没有得到应有的关注，对其系统研究尚处于空白状态，更是忽略了其与民俗活动的关系。

本书以此为契机，以闽南妈祖宫庙建筑为研究对象，通过文献研究法结合田野考察测绘大量传统建筑实例为基础，综合运用建筑学、民俗学、艺术人类学、历史学、地理学、社会学、工艺美术学等相关学科的理论和成果，对闽南妈祖宫庙建筑的时空分布、建筑形制、仪式行为、空间组合、装饰艺术等方面进行更深入的研究。

一是在历史文献汇总与实地调研的基础上，从时空分布的典型性研究、闽南妈祖宫庙的选址布局、妈祖宫庙建筑的遗存情况三个方向展开研究，总结了闽南妈祖宫庙的时间与空间分布规律，并分析了其分布差异主要受历史政治、自然环境、交通条件、经济等因素的影响。临近水系的地理位置、海港运输条件，以及城镇发展水平都对闽南妈祖宫庙建筑的类型和分布产生深刻影响。整理出妈祖宫庙分布、建造年代、主要祀奉等方面遗存情况汇总表，为未来建立闽南妈祖宫庙建筑保护数据库提供相应的数据支持。闽南妈祖宫庙分布反映了其深受海洋地理与海洋文化的双重影响，形成了鲜明的地方特色。另外，还介绍了闽南妈祖宫庙建筑的秩序组织以及多样性与地域性。闽南妈祖信俗与海洋生产生活息息相关，妈祖信俗活动对建成环境产生强大影响，同时也对妈祖宫庙的建筑秩序产生秩序观念和自然观念的影响。这两个方面也是妈祖宫庙建筑在形态方面表现的特征。

二是介绍了闽南妈祖宫庙建筑的环境营造。探讨了渔歌烟火中的闽南妈祖宫庙建筑，通过渔业活动与妈祖信俗的关系研究以及对泉州市惠安县惠东地区妈祖宫庙的调查，得出了闽南妈祖宫庙建筑与渔村和渔村家庭活动的关系，海商港市与妈祖信俗的关系；通过对闽南各港市在不同历史时期的发展过程进行梳理，证实了妈祖信俗与闽南海商港市的兴衰发展息息相关，港市具有海洋人文的心态特征，妈祖信俗是港市社会意识形态的重要内容，它以特定的形式给予海洋社会经济活动以支持和心理抚慰。并通过个案分析和与闽南铺境空间的关系研究，总结出闽南妈祖宫庙建筑的选址布局特点。

三是研究了妈祖信俗仪式行为对宫庙建筑产生的影响。从仪式活动与祭祀空间的关系展开，以蟳埔村妈祖巡境为例，研究发现在仪式庆典的影响下巡境成为地域的界限确定化和清晰化的手段，形成了以海神宫庙建筑空间为核心、妈祖信俗为依托、村落巷子为骨架的特点鲜明的闽南铺境小区空间单元。还通过银同天后宫的敬神活动对仪式引导空间位序以及仪式内容与平面布局两方面加以说明，从建筑空间层面证明妈祖信俗仪式活动与建筑空间的相关性。

四是研究了闽南妈祖信俗宫庙建筑的原型与演变。闽南妈祖宫庙的初始原型由闽南民居进化而来。将大量闽南妈祖宫庙的平面布局与闽南民居对比发现，其平面布局特征源流深受闽南民居的影响，二者在空间形态上是同构的，平面布局均采用以中轴线为主轴，并以纵向延伸为主，横向扩展为辅的发展模式，室内平面布局与闽南民居建筑以合院为中心的组织布局基本一致，都是以四合院为核心或为基本单元组合演变而成的。总体布局中非常讲求轴线与序列，有着明确的轴线关系，强调序列感和仪式感。

五是研究了闽南妈祖宫庙建筑的建筑形制和空间组合关系。妈祖宫庙的主要构成元素为前殿（三川殿）、拜亭、主殿、后殿、天井等，次要元素为附属空间。总结闽南妈祖宫庙建筑的地域性形制特征，在基本类型的空间组合研究中以拜亭、建筑的进数以及天井的数量为主要分类依据进行分类，发现其基本类型的空间组合以两殿式单拜亭双天井型平面为主。妈祖宫庙以拜亭为主要的连接空间，拜亭作为闽南宫庙建筑的特殊形制，体现了祭祀仪式活动对宫庙建筑形制的影响，也说明了平面布局方式与地域之间的关系。

六是研究了闽南妈祖宫庙建筑的营造特征及文化流变。从立面装饰、屋脊装饰、龙柱的营造装饰、内部装饰器物的构件等多角度，对妈祖宫庙建筑的营造装饰特征进行形式特征的总结分析。同时，随着海外移民的增长，妈祖信俗文化也随之传播到海外，在妈祖信俗的文化传播和文化流变下，会馆和妈祖宫庙形成了相互渗透的空间，尤其是福建会馆与天后宫，更是相互渗透，福建会馆传承了天后宫的全部特征和功能，天后宫也成了兼具祭祀和集会双重功能的福建会馆，二者互为传承演变，也是妈祖宫庙文化流变中最典型的缩影。

目录

第 1 章

闽南妈祖宫庙建筑的时空探究

1.1 闽南妈祖宫庙建筑的时空分布

1.1.1 妈祖信俗在闽南地区的变迁

闽南地区拥有浓厚的海洋文化底蕴，福建沿海的众多海神中，最著名的便是被列入联合国教科文组织人类非物质文化遗产代表作名录的“妈祖信俗”。妈祖护佑海上的渔民与渔商，尤其是“商人远行，莫不来祷”①。南宋高宗绍兴年间册封妈祖为“灵慧夫人”，此后受封十余次。其封号由“夫人”晋升为“妃”。到了南宋末，海神妈祖不仅为民间所信仰，也成了官方认可的海神，从南宋至元代，海神妈祖受到了官方的屡屡册封，成为“泉州女神”。元朝至元十五年（1278 年）“制封泉州女神，号护国明著灵惠协正善庆显济天妃”②。

海神妈祖受到朝廷册封而在全国沿海多地传播，打破了地方性海洋保护神称霸一方海域的局面，妈祖信俗的发展迎来重要转折时期。

明清时期，妈祖信俗呈现多元化的趋势，由于海洋移民潮流的涌现与海洋渔业的发展，许多陆域的护境神以及海岛渔村护境神信俗也都出现了“海洋化”的特征。地方性的海神种类逐渐增多。由于郑和下西洋、施琅平定台湾等官方海洋活动被认为得到了妈祖庇佑，妈祖得到朝廷屡屡册封，成为“天上圣母”，其神格不断攀升，不断取代其他海神地位，最终成为全国普遍信奉的海神。

从闽南妈祖信俗的变迁中可以看出妈祖信俗、玄天上帝信俗、水仙王信俗为主要的闽南妈祖信俗（表 1–1）。

妈祖信俗在闽南地区的变迁：妈祖信俗源于宋代。在宋绍兴年间，妈祖信俗已经在莆田流传。据考，莆田妈祖庙建于北宋元祐年间，宣和年间朝廷赐庙额“顺济”，顺济庙即为妈祖庙。到了南宋末，妈祖信俗已经超过玄武神信俗，原来在晋江边真武庙的祭海活动已改在顺济宫（即妈祖宫）举

① ［宋］方略：《宋兴化军祥应庙记》，1995 年，第 13 页。
② 《元史》，卷十，“世祖纪”，《二十四史》，第 18 册，第 27 页。

行。海神妈祖不仅为民间所信俗，也成了官方认可的海神，元朝至元十五年（1278 年）“制封泉州女神，号护国明著灵惠协正善庆显济天妃”。由于粮食漕运与海运的发展，元朝屡屡册封妈祖。

闽南妈祖信俗的变迁　　表 1–1

朝代	主祀神	信奉对象
宋代	通远王	泉州地区
	妈祖	闽南地域
明代	玄天上帝	朱元璋推崇的郑氏军队的海上神明
	妈祖	闽南地域
清代	水仙王	闽台郊商
	妈祖	闽南及台湾地区

从南宋至元代，海神妈祖受到官方的屡屡册封，成为“泉州女神”。地方性海洋保护神称霸一方海域的局面被打破，如在泉州港的祭海中，作为南海神的“玄武”就退让给海神妈祖，并且成为其下属神。如今到晋江边还可以看到真武庙与顺济宫、美山天妃宫相近，讲述着曾经海神玄武与海神妈祖的地位更迭。

宋元以后，随着闽南海商贸易和捕鱼事业的发展，妈祖信俗快速传播，历代皇帝对妈祖的诰封也不断升级。

元朝是福建历史上航海、经商最发达的时期，妈祖先后被封为“护国明著灵惠协正善庆显济天妃”，接着又屡次加封，最后元至正十四年（1354 年）的封号为“辅国护圣庇民广济福惠明著天妃”。自元代之后，民间便简称妈祖为“天妃”，妈祖庙也多成为“天妃庙”。明代朱元璋钦定玄天上帝为官祀的水神。郑成功自诩为玄天上帝的化身，明代钦定玄天上帝是郑氏军队的海上神明。施琅平定台湾时，则将妈祖从“天妃”升为“天后”，成为清军水师的精神支柱，也将其从民间祭祀的神明抬升为官方祭祀之神。明永乐年间，拨资扩建庙宇，郑和七下西洋，曾两次奉旨每周到妈祖庙朝拜，永乐帝封妈祖为“护国庇民妙灵昭应弘仁普济天妃”，妈祖从地方性海神成为全国性的“天妃娘娘”。

妈祖信俗在闽南地区从宋朝发展至清朝，其封号历经演变（表1–2、表1–3），其奉祀妈祖的宫庙空间也几度更名（表1–4）。妈祖庙的名称叫法多样，其实是有时间规律可循的，南宋建立的妈祖庙大多称为“顺济庙”，元代所建妈祖庙多叫“灵慈庙”，明代所建妈祖庙多称“天妃宫”，而清代所建妈祖庙则称“天后宫”。随着历史的变迁，许多宫庙跟随时代更名，不过有一些分布在山野海隅的小庙，则一直保留着原有的名称。因此大多情况下，从妈祖庙的名称叫法就可以大致判断其建造时间。

宋、元时期妈祖封号演变　　表1–2

朝代	时间	公元/年	封号	范围
宋	元祐元年	1086	神女	局域性
	元祐二年	1087	神女	
	宣和五年	1123	神女	
	绍兴年间	1131—1162	神女	
	绍兴二十五年	1155	崇德夫人	地方性
	绍兴二十六年	1156	灵惠夫人	
	绍兴三十年	1160	灵惠昭应夫人	
	乾道三年	1167	灵惠昭应崇福夫人	
	淳熙十一年	1184	灵惠昭应崇福善利夫人	
	绍熙三年	1192	灵惠妃	
	庆元四年	1198	灵惠助顺妃	
	嘉定元年	1208	存灵惠助顺显卫妃	
	嘉定十年	1217	灵惠助顺显卫英烈妃	
	嘉熙三年	1239	灵惠助顺嘉应英烈妃	
	宝祐二年	1254	存灵惠助顺嘉应英烈协正妃	

续表

朝代	时间	公元/年	封号	范围
宋	宝祐三年	1255	灵惠助顺嘉应慈济妃	地方性
	宝祐四年	1256	灵惠协正嘉应慈济妃	
	宝祐四年	1256	灵惠协正嘉应善庆妃	
	景定三年	1262	灵惠显济嘉应善庆妃	
元	至元十八年	1281	护国明著天妃	

清朝时期妈祖封号演变　　表 1–3

朝代	时间	公元/年	封号	范围
清	康熙十九年	1680	护国庇民妙灵昭应弘仁普济天上圣母	全国性
	康熙二十三年	1684	护国庇民妙灵昭应仁慈天后	
	乾隆二年	1737	护国庇民妙灵昭应弘仁普济福佑群生天后	
	乾隆二十二年	1757	护国庇民妙灵昭应弘仁普济福佑群生诚感咸孚天后	
	乾隆五十三年	1788	护国庇民妙灵昭应弘仁普济福佑群生诚感咸孚显神赞顺天后	
	嘉庆五年	1800	护国庇民妙灵昭应弘仁普济福佑群生诚感咸孚显神赞顺垂慈笃佑天后	
	道光六年	1826	护国庇民妙灵昭应弘仁普济福佑群生诚感咸孚显神赞顺垂慈笃佑安澜利运天后	
	道光十九年	1839	护国庇民妙灵昭应弘仁普济福佑群生诚感咸孚显神赞顺垂慈笃佑安澜利运泽覃海宇天后	
	道光二十八年	1848	护国庇民妙灵昭应弘仁普济福佑群生诚感咸孚显神赞顺垂慈笃佑安澜利运泽覃海宇恬波宣惠天后	
	咸丰二年	1852	护国庇民妙灵昭应弘仁普济福佑群生诚感咸孚显神赞顺垂慈笃佑安澜利运泽覃海宇恬波宣惠导流衍庆天后	
	咸丰三年	1853	护国庇民妙灵昭应弘仁普济福佑群生诚感咸孚显神赞顺垂慈笃佑安澜利运泽覃海宇恬波宣惠导流衍庆靖洋锡祉天后	

续表

朝代	时间	公元/年	封号	范围
清	咸丰五年	1855	护国庇民妙灵昭应弘仁普济福佑群生诚感咸孚显神赞顺垂慈笃佑安澜利运泽覃海宇恬波宣惠导流衍庆靖洋锡祉恩周德溥天后	全国性
	咸丰五年	1855	护国庇民妙灵昭应弘仁普济福佑群生诚感咸孚显神赞顺垂慈笃佑安澜利运泽覃海宇恬波宣惠导流衍庆靖洋锡祉恩周德溥卫漕保泰天后	
	咸丰七年	1857	护国庇民妙灵昭应弘仁普济福佑群生诚感咸孚显神赞顺垂慈笃佑安澜利运泽覃海宇恬波宣惠导流衍庆靖洋锡祉恩周德溥卫漕保泰振武绥疆天后之神	
	同治十一年	1872	再加封时，需经里布合议，以封号字号过多，不足以昭郑重，只加上“嘉佑敷仁”四字	

闽南妈祖庙名称与朝代的关系 **表 1–4**

朝代	宫庙名称	主祀神
宋朝	顺济庙	妈祖
元朝	灵慈庙	妈祖
明朝	天妃宫	妈祖
清朝	天后宫	妈祖

从妈祖信俗的历史演变中我们可以看到，妈祖信俗发展的几大时期，包括了商周时期“四海之神”的出现，汉代起的海神人格化，隋唐时期妈祖信俗被重视，宋元时期妈祖信俗的发扬，以及明清时期的多元化和妈祖地位的提升。可见在中国历史的长河中，妈祖信俗始终伴随着我国海洋文明的发展，伴随着人们走向海洋、了解海洋、探究海洋、获取海洋的历程，这个历程也反映出沿海地带的妈祖信俗与生产生活紧密相连，折射出中国海洋文化的实用理性之光。

1.1.2　闽南妈祖宫庙建筑的时空分布——以天后宫为例

全国的妈祖宫庙数量较多，无法一一统计出来，但在全国各地的妈祖宫庙中，以天后宫最具代表性。天后宫，即祭祀妈祖宫庙的统称。天后宫作为妈祖文化的物质载体，是妈祖文化传播与发展的主要形式[①]。可以宋、元、明、清不同时期天后宫在全国的分布发展为例，来探讨妈祖宫庙建筑的时空分布规律。

宋代以来天后宫的发展。自北宋起，从雍熙四年（987 年）第一座湄洲妈祖宫庙的建立到绍兴二十年（1150 年）前后，主要是妈祖信俗的民间自发展时期。妈祖信俗从莆田湄洲岛传播到商业、渔业兴盛的港口宁海（今莆田市涵江区内三江口镇），并得到当地支持，传播范围逐步扩大；另一个促进传播的重要因素就是宋代皇帝对妈祖的敕封。从宋宣和五年（1123 年），妈祖得到官方认可，随后 100 多年间，得到 14 次晋封，并逐步向外传播[②]。

宋代天后宫的分布。宋代时期天后宫以福建莆田地区为多，随着莆田经济的不断发展，妈祖文化沿着海岸向外传播，包括泉州、惠安、泉港南浦乡、宁波、杭州、江苏沿海地区、上海、广州[③]。总的来看，早期的天后宫分布密集度不高，主要集中在莆田周边，以及经济发达、人口众多的港商城市。

元代天后宫的发展。海商漕运的兴起是元代妈祖信俗发展的重要推动因素。因为都城在北方，需要南方物资，于是通过漕运供给。从元朝妈祖的敕封上看，都与其被认为庇佑漕运有关，由于漕运可以说是元朝的经济命脉，因此保佑漕运平安显得异常重要，故而妈祖祭祀活动成了官方行为。此后妈祖信俗也随之被带往北方，并在各漕运港口城市生根发芽。

元代天后宫的分布。元代天后宫分布的最大特点就是沿着海上漕运路线

---

① 俞明．妈祖文化与两岸关系 [J]. 南京社会科学，2001(8):70−78.
② 肖一平，林云森，杨德金．妈祖研究资料汇编 [M]. 福州：福建人民出版社，1987.
③ 郑衡泌．妈祖信仰传播和分布的历史地理过程分析 [D]. 福州：福建师范大学，2006.

由南向北扩散。包括浙江温州、台州、杭州，江苏昆山、苏州，以及天津等地，都是漕运路线中重要的港口和仓库。加之朝廷对漕运的重视，妈祖信俗的官方行为也加速了其传播。天后宫沿着漕运路线一路向北扩散，少部分位于沿海港口呈点状分布。

明代天后宫的发展。明代初期实行海禁，妈祖地位下降，由“天妃”下降为“圣妃”，但并不影响其文化的继续发展。明成祖永乐年间，重新重视海上活动，出现了以郑和下西洋为代表的海上贸易活动，妈祖信俗在海上贸易的推动下进一步传播，天后宫的数量也不断增长。

明代天后宫的分布。明代漕运路线由海运转变为内河航运。明朝皇帝朱元璋为打天下，兴建水师，从江河攻向大海，打败了浙江等地的元代水军势力，随后一路向南，先后攻下了福建、广东，天后宫也随之分布在各地[①]。明代所建天后宫，从福建海岸线向南北扩展，福建省内出现横向维度的发展，即从沿海转向内陆；明代的天后宫建立呈现出沿海繁荣、内陆点状扩散的趋势，内陆运河沿线均有分布。

从明代天后宫的影响因素看。一是朝廷海禁政策，导致海上贸易发展受限，漕运路线由海运转向内河运输，天后宫的建设也由此受到影响，但妈祖文化传播没有衰弱，而是传播至内陆江湖沿岸。二是重新开放的海上贸易政策，以郑和下西洋为代表的海上贸易，促进妈祖文化传播到更远的地方，并带动了天后宫数量的增长。

清代天后宫的发展。清代妈祖文化的发展开始传播到我国台湾及东南亚和日本等地。收复台湾后不仅促进了妈祖文化在当地的传播，还使得朝廷对其册封，升格为“天后”。甚至把对其的祭典仪式列为皇家祭典，加速了妈祖文化的传播。同时经济的发展和闽南商人在各地的活跃，促使天后宫以福建会馆的建筑形式在内陆地区兴起，范围包括湖南、贵州、四川、重庆等地。

清代天后宫的分布。清代天后宫的分布主要呈现两个特点：一是范围波及台湾地区，收复台湾后，妈祖文化在当地快速传播。二是地方经济的崛起

---

① 白梅．妈祖文化传播视野下的天后宫与福建会馆的传承与演变研究 [D]. 武汉：华中科技大学 ,2024.

和闽商的活跃，将妈祖文化传播到全国各地，并且天后宫的功能性也由祭祀建筑向洽谈会议等功能转变，产生了福建会馆这一建筑形式。

从宋、元、明、清时期天后宫在全国的分布情况及其影响分布的因素来看，这些影响因素可以归纳为两种：一是国家政策的扶持，以元代灵慈庙的分布影响因素为例，国家重视经济支柱漕粮海运，因此对妈祖信俗倍加推崇，也促进了妈祖文化的传播。除了元朝，各朝各代的妈祖信俗的发展传播都离不开国家层面的政策支持和推广。二是商品经济的发展促使民间人口流动。商贸活动的频繁、移民的增加和渔民渔业活动的范围增大，促使妈祖文化实现跨距离、跳跃式的发展。并且由沿海传播到内地，由国内传播到海内外，由此可见天后宫的分布规律：①以闽南为中心向外扩散；②沿重要港口、码头以跳跃方式扩展；③集中在海岸，内陆呈片状分布；④闽商活动带动传播。

天后宫作为妈祖宫庙的代表之一，其在全国的分布特点为闽南妈祖宫庙分布的研究提供了参考依据，是后续研究妈祖宫庙传承与演变的前提条件。

1.1.3　闽南妈祖宫庙建筑的时空分布及遗存情况

关于对闽南地区的妈祖宫庙的统计较为罕见，只有在地方志上有零星记载，且根据实地查询后发现，许多历史书籍记载的妈祖宫庙，很多已经毁于战争或灾害，因此重新按地区分类整理现存已知的妈祖宫庙并统计列表很有必要。本书根据统计资料，整理出共 147 座妈祖宫庙基本信息，实地走访 74 座，占总数的 50.3%。通过数据可以分析出闽南妈祖宫庙建筑的时间及空间分布特点，有助于更好地掌握其遗存情况。

关于泉州市的妈祖宫庙分布，有幸借助《泉州市区寺庙录》等的统计，可知泉州市全境妈祖宫庙，分布在泉州市鲤城区、丰泽区、洛江区、台商投资区、泉港区、晋江市、石狮市、南安市、安溪县、惠安县、德化县等地。泉州市区共有妈祖宫庙 24 座，到访调查 14 座（表 1–5）。

泉州市主要妈祖宫庙分布 **表 1–5**

泉州市区 24 座（鲤城区、丰泽区、洛江区、台商投资区），走访 14 座

序号	宫庙名称	始建时间	宫庙地址	供奉神祇	是否到访
1	真武庙	南宋	丰泽区东海街道法石社区石头街	真武大帝（北极玄天上帝）	是
2	顺济宫	明代万历年间（1573—1620年）	丰泽区东海镇蟳埔村上路角	妈祖	是
3	美山天妃宫	明代永乐年间（1403—1424年）	丰泽区丰海路979号，东海法石石头街东段，晋江美山渡码头边	妈祖	是
4	蟳埔西头宫	不详	丰泽区丰海路泉州临海小学西侧	好兄弟	是
5	北星长堎宫	不详	丰泽区东海街道北星小区	妈祖	是
6	后亭妈祖宫	不详	丰泽区东海街道后亭小区	妈祖	是
7	后渚妈祖宫（未开放）	明代洪武年间	丰泽区东海街道后亭小区	妈祖、通天公、夫公、相公、七王府	是
8	后亭坛下妈祖宫	清代	丰泽区东海街道后亭小区	妈祖	是
9	法石长春妈祖宫（损毁修建中）	清代同治年间	丰泽区东海街道法石社区	妈祖	是
10	泉州霞洲妈祖宫	明朝天启二年（1622 年）	鲤城区江南街道霞洲小区	妈祖、祖公、仙公、地藏王、观音	是
11	泉州天后宫	南宋庆元二年（1196 年）	鲤城区南门天后路 1 号	妈祖	是
12	后埭妈祖宫	不详	洛江区万安街道后埭小区	妈祖	是
13	洛江镇海宫	明末清初	洛江区桥南幼儿园东侧	池王爷、天公、石龟像	是
14	昭惠庙	北宋皇祐年间	洛阳镇万安街洛阳桥北	通远王	是

续表

泉州市区24座（鲤城区、丰泽区、洛江区、台商投资区），走访14座					
序号	宫庙名称	始建时间	宫庙地址	供奉神祇	是否到访
15	后坛宫	宋朝	丰泽区东海街道宝山小区	田都元帅、妈祖、上帝公	否
16	西堡宫	清宣统二年（1910年）	丰泽区城东街道金屿小区	康元帅、水仙王、妈祖	否
17	前头妈祖宫	明朝	丰泽区城东街道前头小区	妈祖	否
18	后园妈祖宫	清朝初年	丰泽区城东街道东星小区	妈祖、康王宫、四王府	否
19	新埔妈祖宫	不详	丰泽区华大街道新浦小区	妈祖、观音、少林公、武安王宫	否
20	赤石宫	不详	丰泽区城东街道埭头小区	王公王妈、四海龙王、郭圣王	否
21	招联妈祖宫	清光绪三十四年（1908年）	鲤城区北峰街道招联小区	妈祖	否
22	霞美妈祖宫	明末清初	鲤城区北峰街道霞美小区	妈祖	否
23	高岩宫（娘妈宫）	清乾隆三十年（1765年）	洛江区罗溪镇翁山村火园村民组	妈祖	否
24	妈祖宫	1996年	洛江区罗溪镇柏山村下厝	妈祖	否

惠安县的妈祖宫庙占了泉州市妈祖宫庙数量的1/3，据不完全统计达到62座之多，实地走访调研20座。在惠安县的田野调查中，特别是沿海一带的渔村中，几乎每个村落都能发现妈祖宫庙，尤其以东桥镇、净峰镇、辋川镇为甚，这些地区的妈祖宫庙大多沿海岸线分布，呈点状分布，若将头目宫庙等野庙算入，数量还会更多，可见妈祖宫庙与渔港民生息息相关（表1–6）。

惠安县主要妈祖宫庙分布 **表 1–6**

惠安县 62 座，走访 20 座					
序号	宫庙名称	始建时间	宫庙地址	供奉神祇	是否到访
1	龟峰宫	明朝	惠安县螺阳镇庄兜路云庄村内	妈祖、比干公、相公爷	是
2	护海宫	清道光二十七年（1847 年）	惠安县东岭镇彭城港	妈祖	是
3	龙江宫	明朝	惠安县东岭镇东埭村前堡	妈祖	是
4	灵丕宫	不详	惠安县东岭镇东埭村西张	妈祖	是
5	灵惠宫（王孙宫）	明天启元年（1621 年）	惠安县螺城镇王孙村	观音大王、妈祖	是
6	虎母宫	不详	惠安县东桥镇珩海	妈祖、九门爷公	是
7	赤任尾宫	不详	惠安县东桥镇东桥	妈祖	是
8	旧潮显妈祖宫	清咸丰元年（1851 年）	惠安县净峰镇上厅村	妈祖	是
9	新潮显妈祖宫	1851 年	惠安县净峰镇上厅村	妈祖	是
10	后型妈祖宫	1989 年	惠安县净峰镇墩南村后型自然村	妈祖	是
11	新后型妈祖宫	1995 年	惠安县净峰镇墩南村新后型自然村	妈祖	是
12	凤山宫	2016 年	惠安县净峰镇赤土尾村林场边	妈祖	是
13	山透凤山宫	1992 年	惠安县净峰镇净南村山透	妈祖	是
14	镇海宫	明朝	惠安县海湾大道百崎回族乡百崎回族小学	妈祖	是
15	獭窟妈祖宫	明永乐九年（1411 年）	惠安县张坂镇浮山村獭窟岛东峰	妈祖、千里眼、顺风耳	是
16	大岞妈祖宫	北宋建隆年间	惠安县大岞岛	妈祖	是
17	湖街妈祖宫	2016 年	惠安县净峰镇崇贤街 64 号	妈祖	是

续表

惠安县 62 座，走访 20 座					
序号	宫庙名称	始建时间	宫庙地址	供奉神祇	是否到访
18	霞霖天后宫	清乾隆二十二年（1757 年）	惠安县小岞镇	妈祖	是
19	圣母宫	不详	惠安县百崎回族乡白奇村	妈祖	是
20	埭上天后宫	清康熙十一年（1672 年）	惠安县百崎回族乡莲埭村埭上自然村	妈祖	是
21	北门外妈祖宫	1946 年	惠安县螺城镇北关北路	妈祖	否
22	境主宫	1958 年	惠安县螺城镇北关双龟牌	玄天上帝、妈祖	否
23	顶厝宫	民国年间	惠安县螺城镇北关后坂	妈祖	否
24	金相村妈祖娘宫	1945 年	惠安县螺城镇北关下廍	妈祖	否
25	蓝田村下堡宫	清道光十二年（1832 年）	惠安县紫山镇蓝田村 20 组北行	妈祖	否
26	蓝田村上堡宫	清同治九年（1870 年）	惠安县紫山镇蓝田村 5 组墟坪	妈祖	否
27	坑底村娘妈宫	不详	惠安县东桥镇珩海	妈祖	否
28	大帝爷妈祖宫	不详	惠安县东桥镇东桥	大帝爷、妈祖	否
29	北湖宫	不详	惠安县东桥镇东桥	妈祖	否
30	南湖宫	不详	惠安县东桥镇东桥	妈祖	否
31	前坑宫	不详	惠安县东桥镇东桥	妈祖	否
32	娘妈宫	不详	惠安县东桥镇东桥	妈祖	否
33	龙门宫	宋神宗年间（1068—1085 年）	惠安县辋川镇京山斗门自然村	妈祖	否
34	妈祖庙	明永乐八年（1410 年）	惠安县辋川镇辋川西桥头	妈祖	否

续表

惠安县62座，走访20座					
序号	宫庙名称	始建时间	宫庙地址	供奉神祇	是否到访
35	妈祖宫	1988年	惠安县辋川镇辋川西楼十队	妈祖	否
36	前洋宫	1981年	惠安县辋川镇前洋自然村	妈祖	否
37	三妈宫	1983年	惠安县辋川镇小山村2组	妈祖	否
38	五峰宫	明代	惠安县辋川镇下江村赖厝	妈祖	否
39	下埕宫	不详	惠安县辋川镇峰崎村下埕	妈祖	否
40	土地公宫	1982年	惠安县辋川镇试剑村	土地公、妈祖、老大人、个大人	否
41	司口宫	1925年	惠安县辋川镇试剑村	土地公、妈祖、老大人、个大人	否
42	妈祖宫	1987年	惠安县净峰镇湖街村西�街自然村	妈祖	否
43	西坵宫	1958年	惠安县净峰镇湖街村西坵	妈祖	否
44	山后宫	1958年	惠安县净峰镇南村山后	妈祖	否
45	华济宫	1998年	惠安县净峰镇净南村前申	镇国夫人、观音、妈祖、三军太子等	否
46	杨厝泉阳宫	1970年	惠安县净峰镇五群村杨厝自然村	妈祖	否
47	松光村后苏宫	1920年	惠安县螺阳镇松光村后苏自然村	妈祖	否
48	松光村宫兜宫	清光绪二十六年（1900年）	惠安县螺阳镇松光村宫兜自然村	妈祖	否
49	松光村尾厝宫	1940年	惠安县螺阳镇松光村尾厝自然村	妈祖	否
50	杜厝坪山宫	不详	惠安县螺阳镇工农村杜厝	妈祖	否

续表

惠安县62座，走访20座					
序号	宫庙名称	始建时间	宫庙地址	供奉神祇	是否到访
51	莲堂宫	清初	惠安县螺阳镇金山村梧塘	妈祖	否
52	娘妈宫	清初	惠安县螺阳镇金山村金山边	妈祖	否
53	妈祖宫	清朝	惠安县小岞镇路墘	妈祖	否
54	东山护沃宫	清末	惠安县小岞镇港口西侧	妈祖	否
55	水尾宫	2000年	惠安县东岭镇坝尾村	龙王	否
56	水尾宫	1999年	惠安县东岭镇土坎脚	龙王	否
57	塘边宫	明朝	惠安县群力塘边宫	三王爷、境主、城隍、妈祖、青山妈	否
58	下洋凤阳宫	明朝	惠安县下洋村旧小学	妈祖	否
59	陈王爷馆	清朝	下宫村东头自然村	陈王爷、妈祖	否
60	张坂街道妈祖馆	清朝	张坂街道妈祖馆	妈祖	否
61	山兜妈祖宫	清朝晚期	莲埭村山兜自然村	妈祖	否
62	鳌山宫	不详	下埭墓塘头音楼山边	妈祖、王爷	否

晋江市、石狮市的妈祖宫庙达30座（表1–7），虽不及惠安妈祖宫庙数量多，但普遍修缮一新，宫庙的规格主要以两殿式建筑为主，但宫庙的装饰工艺较高，常可以见到雕刻精美的石雕、木雕，以及装饰精美的屋顶，庙内构造也极尽华丽，展现了当地雄厚的香客实力，也侧面反映了当地香客的虔诚。由于晋江商品经济发达，从事海外贸易行业的人群较多，也进一步体现妈祖信俗对于晋江人生产生活的重要性。

晋江市、石狮市主要妈祖宫庙分布 **表 1–7**

晋江市、石狮市 30 座，到访 9 座

序号	宫庙名称	始建时间	宫庙地址	供奉神祇	是否到访
1	钱塘妈祖宫	明嘉靖年间	晋江市池店镇前头村	妈祖	是
2	缺塘镇海宫	不详	晋江市罗山街道缺塘社区林氏广场思明路 275 号	保生大帝、妈祖、广泽尊王	是
3	后林真武宫	不详	晋江市罗山街道后林小区	玄天上帝、妈祖、帝爷公（关羽）、千手观音	是
4	林格真武宫	不详	晋江市灵源街道林格小区上帝公宫	玄天上帝	是
5	东石萧下天后宫	明万历八年（1580 年）	晋江市东石镇萧下村	妈祖	是
6	东石龙江澳天后宫（东石天后宫）	南宋庆元三年（1197 年）	晋江市东石镇第一小区	妈祖、千里眼、顺风耳	是
7	石湖妈祖宫	清光绪二十年（1894 年）	晋江市石湖港区港口大道	妈祖	是
8	钱山妈祖宫	明崇祯三年（1633 年）	石狮市东埔沿海路钱山南路	妈祖	是
9	伍鸿妈祖庙	1923 年	石狮市 004 乡道南 150 米	妈祖	是
10	万安天妃宫	南宋嘉定十三年（1220 年）	晋江市安海镇庄头村	妈祖、千里眼、顺风耳	否
11	金井妈祖东宫	1975 年重建	晋江市金井镇	妈祖	否
12	安海朝天宫	南宋绍兴八年（1138 年）	晋江市安海镇鸿塔新村	妈祖	否
13	福全天后宫	1932 年重建	晋江市金井镇福全村	妈祖	否
14	御辇妈祖宫	北宋	晋江市池店镇御辇村（下辇村）	妈祖	否
15	深沪深林宫（赤涂头妈祖宫）	元朝元贞二年（1269 年）	晋江市深沪镇	妈祖	否
16	罗裳全安宫	1969 年重建	晋江市罗山街道罗裳小区	妈祖	否

续表

晋江市、石狮市 30 座，到访 9 座					
序号	宫庙名称	始建时间	宫庙地址	供奉神祇	是否到访
17	陈厝顺济宫	明洪武年间	晋江市金井镇陈厝村	妈祖、土地公、注生娘娘	否
18	西锦娘妈宫	明朝中叶	晋江市陈埭镇西坂村	妈祖、三夫人	否
19	后山妈祖宫	明朝中叶	晋江市深沪镇后山小区	妈祖、千里眼、顺风耳	否
20	水田霞美灵慧殿	明正德五年（1510 年）	晋江市池店镇水田乡	妈祖、十八海神	否
21	下丙霞里宫	明正德七年（1512 年）	晋江市金井镇下丙村	妈祖、千里眼、顺风耳	否
22	钱头圣母宫	明嘉靖年间	晋江市池店镇钱头乡	妈祖	否
23	后厝村妈祖宫	明末始建，1992 年重建	晋江市内坑镇后厝村（陆地港边）	妈祖	否
24	科任天后宫	清康熙年间始建，1995 年重建	晋江市深沪镇科任村	妈祖	否
25	锡坑妈祖宫	1982 年	晋江市龙湖镇锡坑妈村	妈祖	否
26	张林天后宫	清乾隆三十五年（1770 年）	晋江市磁灶镇张林村儒西	妈祖、千里眼、顺风耳、福德正神（土地公）、观世音菩萨、关圣夫子（黄帝）	否
27	南江天后宫	清末	晋江市金井镇南江村	妈祖、千里眼、顺风耳	否
28	下伍堡天后宫	2008 年	晋江市英林镇伍堡村	妈祖	否
29	菌江天后宫	20 世纪 50 年代	晋江市东石镇石菌村	妈祖	否
30	围头妈祖宫	明永乐二十二年（1424 年）	晋江市金井围头村	妈祖	否

作为闽南三市中开放程度最高的厦门，本身具有的海岛型城市地理优势，使其即使作为闽南城市化水平较高的城市，也依然保存了一定程度的妈祖信俗。厦门市的妈祖宫庙分布和数量虽然不及泉州、惠安、晋江等地，

但考虑到其本身面积较小，且在闽南地区城市化水平最高，对于寸土寸金的厦门市而言，能有如此数量的妈祖宫庙保留已属不易。厦门共有妈祖宫庙 31 处，包括妈祖庙、真武庙、水仙宫等，海神类型丰富，分布相对集中在厦门岛，厦门岛外的集美区、海沧区、翔安区、同安区都只有零星分布（表 1–8）。

厦门市主要妈祖宫庙分布 **表 1–8**

厦门市 31 座，走访 31 座					
序号	宫庙名称	始建时间	宫庙地址	供奉神祇	是否到访
1	何厝顺济宫	南宋绍兴十九年（1149 年）	厦门市思明区何厝下何 472 号	妈祖	是
2	太源宫	清代	厦门市湖里区枋湖西路	妈祖、吴真人	是
3	西潘福元宫	明代	厦门市湖里区云顶北路西潘社	妈祖、吴真人	是
4	青龙宫	不详	厦门市湖里区马卢奇路五缘营运中心南侧	妈祖	是
5	朝天宫	清康熙三年（1664 年）	厦门市思明区故宫路 62 号	妈祖	是
6	福海宫	明代	厦门市思明区曾厝埯社 70 号	妈祖、吴真人	是
7	朝宗宫	明永历十六年（1662 年）	厦门市思明区大学路 2 号	妈祖	是
8	青辰宫	宋代庆元年间始建，2004 年重建	厦门市湖里区安兜社 462 号	玄天上帝、妈祖、吴真人	是
9	林后青龙宫	宋绍熙元年（1190 年）	厦门市湖里区林后社 200 号	玄天上帝、妈祖、吴真人	是
10	天上圣妈宫	1988 年	厦门思明区换到南麓 296–1 号	妈祖	是
11	仓里昭惠宫	不详	厦门市思明区仓里社 128 号	陈化成、吴真人、妈祖	是
12	福寿宫	不详	厦门思明区鹭江道 93 号	吴真人、妈祖	是
13	洪本昭惠宫	不详	厦门市思明区洪本部街 158 号	陈化成、吴真人、妈祖	是
14	西边社孚惠宫	明成化十六年（1480 年）	厦门市思明区厦禾路 694 号	吴真人、妈祖	是

续表

厦门市 31 座，走访 31 座					
序号	宫庙名称	始建时间	宫庙地址	供奉神祇	是否到访
15	仙乐宫	清乾隆年间	厦门市思明区仙岳下社 12 号	妈祖、吴真人	是
16	濠沙宫	清代	厦门市湖里区宫庙和宁路 102–2 号	妈祖、吴真人	是
17	长兴宫	清嘉庆年间	厦门市思明区文塔路文塔苑南侧	妈祖、吴真人（保生大帝）	是
18	南山路妈祖宫	2003 年重修	厦门市湖里区南山路 3 号龙苍宫附近	妈祖	是
19	湖里凤和宫	清嘉庆二十一年（1816 年）	厦门市湖里区湖里街凤湖社	妈祖、吴真人	是
20	薛厝龙兴宫	1998 年重建	厦门市湖里区昌宾路悦星园薛厝社	妈祖、吴真人、蒂公祖（东岳帝王黄飞虎）、王祖(池府王爷)	是
21	银同天后宫	南宋绍兴十五年（1145 年）	厦门市同安区南门路 4 号	妈祖（黑脸妈祖）	是
22	后河宫妈圣母庙	清代	厦门市同安区新街埕 66 号	妈祖	是
23	瑶江大元殿	元代始建，1995 年重建	厦门市同安区阳翟路	玄天上帝	是
24	神霄宫	清代	厦门市湖里区忠仑路汇合石文化园西侧	妈祖、关帝爷	是
25	洞炫宫	南宋末年	厦门市湖里区江头街道乌石浦村园山南路嘉景二期	妈祖	是
26	龙王宫	明末清初	厦门市集美区银江路 29 号	妈祖	是
27	锦园天后宫	不详	厦门市集美区广言路与锦东路交叉口往西	妈祖	是
28	文山天后宫	不详	厦门市海沧区上帝宫嵩屿路南侧	妈祖	是
29	水源宫	1984 年重建	厦门市湖里区环祥路祥店幼儿园旁	水仙尊王	是
30	英灵殿	明末清初始建，1999 年重建	厦门市翔安区小嶝休闲渔村	苏王爷	是
31	西边社鹭峰堂	2012 年重建	厦门市思明区曾厝垵西里小区西边社	吴真人、妈祖	是

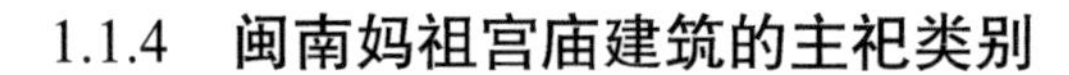

1.1.4 闽南妈祖宫庙建筑的主祀类别

笔者通过实地考察发现，闽南妈祖宫庙不仅有单独奉祀妈祖的，也出现了大量的诸神合祀的情况，因此很难将其单独剥离开，而须和其他海神一起研究。根据奉祀诸神的不同，可以看出闽南妈祖宫庙的主祀类别丰富。

从闽南地区主要妈祖宫庙的统计中可以发现，147 座海神庙中，主要祭祀对象以妈祖、玄天上帝、通远王、水仙王为主，其中祭祀妈祖的妈祖宫庙达 130 座，占总数的 88.4%，这里主祀妈祖的有 110 座；数量排第二位的则是主祀玄天上帝的宫庙，但也只有 7 座，占总数的 4.7%；各类王爷庙 10 座，其中苏王爷庙 1 座、池王爷庙 1 座、陈化成庙 2 座；龙王庙 4 座；水仙宫 1 座；祭祀通远王的昭惠庙 1 座。整理以上数据（图 1–1），可以发现妈祖信俗在闽南海神信俗中的绝对地位。

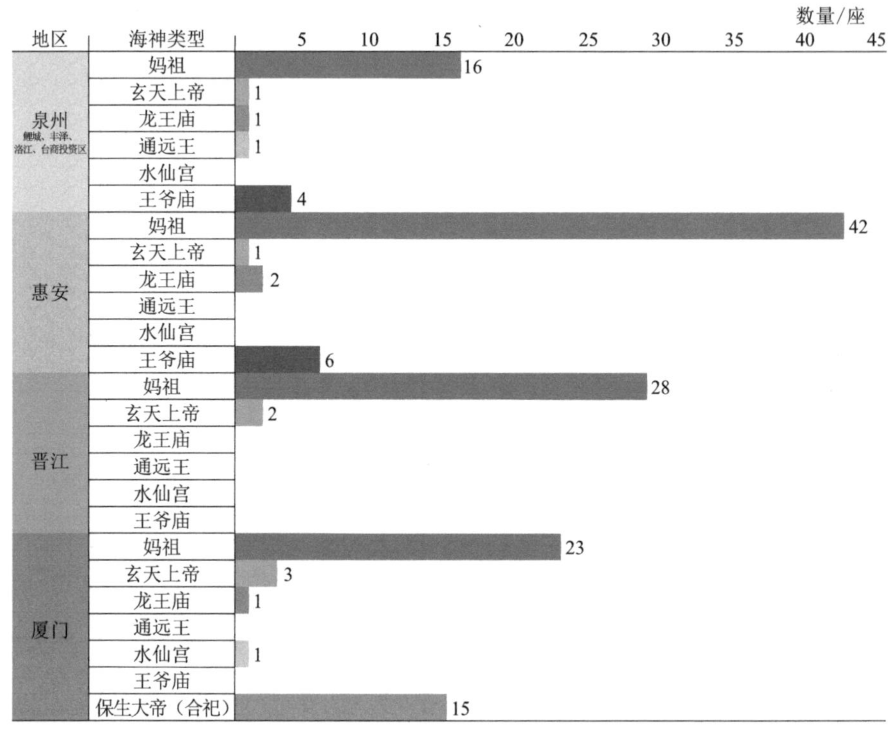

图 1–1 闽南地区妈祖庙与其他海神庙数量对比图

妈祖信俗属于海洋文化下的信俗崇拜，且并非闽南地区最早的海洋文化下的信俗崇拜，第一代海神是通远王，第二代海神是玄武大帝，第三代海神才是妈祖，但随着统治者对妈祖信俗的推崇而发展迅速。究其原因主要体现在三个方面。

一是政治原因。天妃屡次“显灵”，备受历代统治者推崇，清咸丰七年（1857 年），对其最长的封号字数达到 64 字：“护国庇民妙灵昭应弘仁普济福佑群生诚感咸孚显神赞顺垂慈笃佑安澜利运泽覃海宇恬波宣惠导流衍庆靖洋锡祉恩周德溥卫漕保泰振武绥疆天后之神”；相对而言，北宋景德年间（1004—1007 年），朝廷敕封“通远王”，赐庙额“昭惠庙”。“通远王”这一封号，有掌管交通远方诸事之神之意，从封号的悬殊对比不难看出，妈祖在诸神中的地位是其他海神难以匹敌的。陈泗东先生在其《妈祖成神和泉州海外交通》一文中认为，通远王为南宋官方大力提倡，因此宋亡后，元朝入主中国，对南宋海神通远王加以抑制，另外抬出一尊海神妈祖与之抗衡并取代其地位。并且元朝政府将其列入朝廷的议事日程，朝廷亲自主持妈祖的祀典。这些优势都是宋代通远王所无法比拟的，因此通远王被妈祖取代是必然的结果。

二是地理原因。闽南地区的海洋活动频繁，渔村渔民世世代代靠海洋生活，妈祖在该地区不断有“灵应”的机会，加深了民众对她的崇信，这从紧靠海洋的惠安县的妈祖宫庙分布便可以发现，62 座海神庙中，有多达 57 座敬奉妈祖，比例高达 91.9%。

三是闽南地区的妇女主持家政的影响。妈祖在古代社会能取代多位赫赫有名的男性神灵，这与当时闽南地区妇女主持家政的影响力有关。人们产生了一系列母亲崇拜，妈祖就是其中一位，随着妈祖的传说不断增多，她便超越了众多男性海神，成为海上第一保护神[①]。

从图 1–1 中可以看到，妈祖在闽南人眼里，已经不仅是一方海神，而是具备整个聚落维护乡谊、助力谋生、求发展保平安等多方面的职能。从闽南妈祖信俗地位的变化可以看出，妈祖信俗的功利性，信俗的繁荣或衰败都

① 徐晓望 . 福建民间信仰源流 [M]. 福州：福建教育出版社，1993.

与时代紧密联系。当该信俗不断满足当地需求，且有传播信俗的民众后，这一信俗就会迅速发展，但当这些条件无法满足时，这个信俗便会衰落，甚至消失。即便妈祖信俗盛行，其他的海神信俗也并没有完全消失，仍然有信奉的区域，这也体现了闽南人的包容性。

闽南地区具有不同功能的民间信俗，是闽南地区特殊的地理生态和人文社会环境影响所致，也是适应当地现实需要而产生的。在泉州的境庙中时常可以看到妈祖与关帝合祀，闽南作为海滨地区，渔业发达，百姓依海为生，自然信奉海神，而中原地区以“忠义”为核心内容的关公信俗，到了商业繁荣的泉州就成了武财神，海上远洋贸易行程时间长，船员之间更需要忠义精神，因此往往成了出海远洋人祀奉的神明。

在厦门的境庙中则出现妈祖与保生大帝合祀的情况。与其他闽南地区的妈祖宫庙的数据对比后发现，厦门的妈祖宫庙有一个特殊的现象，即因厦门当地既信奉海神妈祖又同时信奉吴真人的妈祖宫庙较多，在 23 座海神妈祖庙中有 15 座同时信奉妈祖和保生大帝，占总数的 65.2%。这在闽南是非常特殊的。

在闽南的许多地方，虽然妈祖的宫庙和保生大帝的宫庙遍布漳州、泉州各地，但却很少有一庙同时供奉这两位神明，加上闽南人有供奉“祖佛”的习惯，因此林姓多崇拜妈祖林默，而吴姓多崇拜保生大帝吴夲；所以林姓绝少供奉保生大帝，吴姓也极少崇拜妈祖，而且在双方的宫庙中都不见对方神像的位置，这在福建许多地方是一种普遍共识。但唯独在厦门岛上，妈祖与保生大帝的这种冲突与矛盾被模糊了，妈祖与保生大帝在许多宫庙中被安置在同一神龛或同一间宫庙中加以崇拜。在对厦门妈祖宫庙的田野调查结果以及《厦门志》的记载中，也得以见证妈祖和保生大帝合祀的现象，在清代道光年间，厦门就已经出现这种情况且并不罕见。

厦门之所以会出现较多的既信奉妈祖又同时信奉吴真人的妈祖宫庙，主要认为是以下几方面原因。首先，吴真人（即保生大帝）的本源之地为厦门；其次，厦门港在清朝时期，海上贸易和街市发达，吸引四方民众聚居于此，形成包容的氛围，产生和睦共处的思想；最后，厦门当时的生存条件有同时信奉妈祖和保生大帝的需要，厦门靠海吃海，与海洋关系密切，因此需要海神妈祖精神上的庇佑，同时厦门因海港贸易繁荣，城市人口骤增，超出城市负荷，因此当时厦门生活环境恶劣，医疗设备落后，疾病流行，所以当地人们也有祈求治病济世的医神保生大帝保佑健康平安的需要①。他们一位是后，一位是帝，地位相当，厦门人希望两位神明和睦共处，减少矛盾，共同庇佑厦门（图 1–2）。

图 1–2　厦门仙乐宫妈祖与保生大帝合祀

因此，合祀现象反映了该地区的地理环境和社会条件，折射了闽南人对人与神灵的观念及美好的愿望，也印证了一切对神的崇拜都是要解决人们在未知前的心理，以及反映与生产生活密切相关的实用功利主义。

1.1.5　闽南妈祖宫庙建筑的时间分布特点

从闽南地区主要妈祖宫庙的汇总表可以发现闽南妈祖宫庙的时间分布特点，泉州市主要 24 座妈祖宫庙分布中，始建于宋朝的有 4 座、元朝 0 座、明朝 7 座、清朝 6 座、民国时期 0 座、新中国成立后 1 座，建造时间不详

① 石奕龙:《厦门岛妈祖信仰的特色》，摘自许在全主编《妈祖研究》，第 121 页。

的 6 座；惠安县主要 62 座妈祖宫庙分布中，始建于宋朝的有 2 座、元朝 0 座、明朝 9 座、清朝 14 座、民国时期 6 座、新中国成立后 18 座，建造时间不详的 13 座；晋江市、石狮市主要 30 座妈祖宫庙分布中，始建于宋朝的有 4 座、元朝 1 座、明朝 10 座、清朝 5 座、民国时期 2 座（含重建 1 座）、新中国成立后 5 座（含重建 2 座），建造时间不详的 3 座；厦门市主要 31 座妈祖宫庙分布中，始建于宋朝的有 5 座、元朝 1 座、明朝 6 座、清朝 8 座、民国时期 0 座、新中国成立后 5 座（含重建 4 座），建造时间不详的 6 座。图 1–3 为整理后的闽南地区历代妈祖宫庙数量分布图。

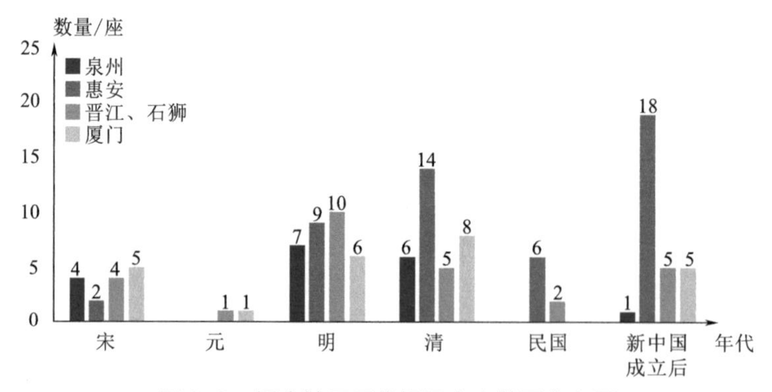

图 1–3　闽南地区历代妈祖宫庙数量分布图

总体上看，在所统计的闽南地区的共 147 座海神庙中，始建于宋朝的共有 15 座、元朝 2 座、明朝 32 座、清朝 33 座、民国时期 8 座、新中国成立后 29 座，始建时间不详的 28 座。可以看到两个增长时期，一是明朝、清朝两个时期兴建的妈祖宫庙最多，达到了 65 座，这也印证了前面讲述的明清时期妈祖信俗在海上贸易的促动下进一步传播的历史发展背景。尤其是到了清朝，施琅平定台湾后，妈祖的神格上升，且从清康熙五十九年（1720 年）开始，妈祖的祭典活动正式列入皇家祭典，统治者对妈祖的重视，推动了妈祖信俗的传播，同时，地区商品经济的发展也大大促进了海上贸易，为妈祖信俗的传播提供了有利条件。二是妈祖宫庙的另一增长时期则是在新中国成立后，且主要集中在改革开放后时期，民间信俗的环境大为改观，妈祖宫庙也迎来新的发展时期。这期间的宫庙增长主要集中在惠安县这类有着众多海洋活动的渔村聚落，同时也反映了改革开放后沿海渔业的发展和海洋商贸的兴盛，促进了靠海吃海的渔村聚落的精神生活需求，妈祖信俗也得以蓬勃发展。且整个惠安县的妈祖宫庙数量也相当可观，达到了 62 座之多，是其他县市的 2 倍多，足见惠安沿海妈祖之风兴盛。

明清时期妈祖宫庙重修现象尤为多见，从调查的宫庙碑文可以发现，明朝时期就出现重修前代妈祖宫庙的情况，到了清朝更为频繁，妈祖宫庙的重修或复建的情况最常出现在清康熙、乾隆以及道光年间，部分妈祖宫庙的规模还在重修过程中得到进一步扩大。如惠安獭窟妈祖宫始建于明永乐九年（1411 年），明成化十一年（1475 年）增建下殿。明正德十三年（1518 年）再增建宫前戏亭，清顺治二年（1645 年）郑成功部将、总兵官佐都督薛进思捐资重建。这之后又有数度重修，经过几次修缮，獭窟妈祖宫已经成为惠安县闽南文化生态保护区的展示点，市级文物保护单位[①]。妈祖宫庙在历史的发展变迁中，由于战争、自然灾害、政治动荡等原因，重修现象普遍，但也正是有了不断的重修复建才使得妈祖信俗的空间载体得以流传至今，并不断发展壮大。

1.1.6　闽南主要代表性妈祖宫庙建筑的基本情况——以厦门代表性妈祖宫庙为例

闽南的妈祖宫庙数量庞大，形式多样，调研的对象，大致可以归为下面几种类型：一是官属妈祖庙，规模庞大，形制规格高。二是民间建设宫庙，这类宫庙得到众多香客支持，因此建筑形制依然十分华丽，规格较高。三是民间野庙。由于泉州地区的代表性宫庙已经为世人所熟知，且均已成功被列为世界文化遗产，在此就不再赘述，而厦门市作为闽南三地最为发达的国际性港口城市，有着更具时代性的海洋文化，因此选取厦门市较有代表性的样本，从其历史沿革和建筑现状入手进行研究。

以影响最大的银同妈祖宫和最著名的妈祖主庙何厝顺济宫为例。

---

① 历史沿革来自獭窟妈祖庙碑记。

（1）银同妈祖宫：厦门银同妈祖宫系台湾银同黑面三妈的祖庙。银同妈祖分香台湾地区，是历史上福建厦门同安与台湾地区密切交流的见证，现被厦门市政府列为涉台文物古迹。

银同妈祖宫，始建年代不详。据《东市林氏族谱》载，北宋皇祐年间（1049—1054年），妈祖的同宗侄孙林怿在同安任掾吏，居同安东市，奉祀本家姑婆祖神像于厅堂。南宋绍兴十五年（1145年），同安筑县城，设有五城门，各有守护神，南门以妈祖为守护神，至此，妈祖由东市林家厅堂移至南门城楼奉祀。郑成功收复台湾时，其部将同安人林圮迎请银同妈祖神像于战船上供奉，祈求神灵庇佑。后由郑成功下令供奉于鹿耳门圣母庙，并传播于台湾各地，该宫是台湾黑脸妈祖的祖庙。施琅平定台湾时，也供奉银同妈祖于战船上，奏请朝廷晋封妈祖为天后，并在鹿港兴建天后宫。

建筑现状：①平面布局：银同天后宫总占地面积420平方米，坐西北朝东南，沿中轴线由西向东布置麒麟照壁、三川殿、正殿、圣父母殿。两落砖木建筑，总面宽7米，进深14米。其中三川殿和正殿为2003年重建，圣父母殿为2011年重建，硬山顶砖木结构，面阔三间。②空间结构：正殿。檐廊立两根蟠龙石柱，檐前九级台阶。门顶悬挂“天后宫”匾额。银同天后宫正殿上悬“银同妈祖”牌匾，正殿神龛内，并祀湄洲粉面大妈、温陵红面二妈和银同黑脸三妈，黑脸三妈为主神，居中，粉面大妈居左、红面二妈居右。三尊妈祖均为镇殿软身神尊，大妈着黄色龙袍，二妈着红色龙袍，三妈着绿色龙袍。正殿案桌上配祀千里眼、顺风耳，案桌下配祀黑虎将军。圣父母殿：为了崇祀妈祖的双亲，肯定其教养功高，特建此殿。这在现存的妈祖宫庙中已经不多见。殿正中奉祀圣父积庆公、圣母积庆夫人，左边奉祀福德正神，右边奉祀祝生娘娘。

（2）何厝顺济宫：何厝顺济宫位于何厝东南部的东澳，湾长水深，岸上有东澳山，与半边山横卧在东北方。自古以来，南来北往的渔民都在这里驳船避风，因此，这里既是一个天然避风港，又是一个著名的渔港。其年代久远，厦门岛上的妈祖庙皆奉其为祖庙，周围官民都到此进香，香火鼎盛。

明宣德六年（1431年），郑和下西洋，曾集资重新修整妈祖庙，把“东澳宫”改为“顺济庙”，清康熙二十三年（1684年），清政府下令各地修建妈祖庙宇。东澳“顺济庙”修后改为“顺济宫”。清末，由于外国入侵，战争激烈，此宫被战火摧毁，1989年村民重建顺济宫，后受1999年十四号台风的正面袭击，地基沉陷，墙壁多处裂缝，屋面装饰被破坏殆尽，成为危楼，于2001年重修落成，来自海峡两岸四五十座宫庙多达1500人参加庆典，热闹非凡。顺济宫被看作厦门妈祖庙的祖庙（图1–4），因此香火鼎盛，每逢妈祖诞辰日，进香队伍总是络绎不绝，东澳山因妈祖庙香火兴旺、满山插遍香而称为“香山”。

图1–4　顺济宫旧照

建筑现状：①平面布局：厦门何厝顺济宫由于战火和自然灾害的毁坏，多次重修，因此其坐落位置也经历了数次变更，《重修东澳顺济宫募捐启》里对其地理位置有明确的坐标：“北坐香山，南临大担海（域）”，但1989年重建时，其位置已与原址稍有移动，之后又遭1999年台风袭击成为危房，因此现在的顺济宫是在原址的右前方，依然面临大担海域，但山门并未在中轴线之上，而是在其西面，庙前的拜埕相当宽阔，拜埕南面有宽大的戏台，直面主殿，两殿式建筑，总面宽7米，进深17米。面阔三间。其构造特殊，在天井两边设置有鼓楼和钟楼，后殿整体抬升，设四级台阶。②空间结构：三川殿。采用假四垂的形式，屋顶造型优美，工艺精湛，牌头及八仙做工惟妙惟肖，脊刹为二龙戏珠的形态（图1–5）。檐廊立两根蟠龙石柱，檐前四级台阶。门顶悬挂“天后宫”匾额。三川殿门前有面积较大的拜埕，遥遥相对的是戏台。戏台背后则是海湾，风景优美。在三川殿门前的东南处有一座妈祖石雕像。③正殿。正殿整体地坪比三川殿高出 4 个层阶，中间由天井相连，天井中设置香炉，在天井的左右两侧则是檐廊，并分别在东西两侧设置钟楼和鼓楼，但钟楼和鼓楼并未专门设置固定的楼梯，只是预留了检修口。钟楼和鼓楼的屋顶也做了重檐歇山顶的形式，与主殿屋顶遥相呼应。主殿屋顶采用重檐假四垂的形式，加上有地坪的高差加持，主殿气势恢宏，高大壮丽，也象征了何厝顺济宫作为厦门妈祖宫祖庙的崇高地位（图 1–6、图 1–7）。

图 1–5　何厝顺济宫三川殿假四垂屋顶

图 1–6　何厝顺济宫全貌

图 1–7　何厝顺济宫与 CBD 交相辉映

1.2　闽南妈祖宫庙建筑的秩序与组织

1.2.1　闽南妈祖宫庙建筑的类型

民间信俗具备以下特征。首先，民间信俗与社会生活联系密切。在中国传统社会的大多数历史时期，民间信俗是维系社会结构、仪式形态、社会制度和社会文化的主要力量。在民间社会，不仅有基于祖先崇拜的宗族信俗这样的主导力量，还有形形色色的民间信俗，也在日常生活中发挥着提供崇拜对象的重要作用。很多民间信俗的崇拜对象和仪式甚至直接来自乡土社会的农事、商业等生产生活性活动，如妈祖信俗就是在渔民的渔业生产活动中产生的。

其次，民间信俗的信众与崇拜更加世俗化。民间信俗中的信众与神灵之间的关系更多地建立在一种交易契约的基础上，民间信俗更重视崇拜对象的功能性，而非地位、道德或能力属性，如被人格化的动物个体等常被作为重要的崇拜物，崇拜的对象有时候甚至被认为是“不善”的，最典型的如龙王。一旦龙王兴风作浪，沿海渔村和海上渔民便会遭殃。这种对崇拜对象功能性的高度关注，产生了依据自身需求而创造神灵的行为。

最后，民间信俗崇拜对象来源的多样性。民间信俗单纯注重祈求对象功能性的做法，又使得不同信俗文化的影响能够在一定范围内得到共存，在这些因素的共同影响下，塑造了民间信俗中崇拜对象的多样性和复杂性。

民间信俗的来源，大致可以分为以下几种类型。

一是来源于自然信俗。出于对自然力量的恐惧和自然恩赐的敬意，这种自然造物人格化并作为崇拜对象的做法曾经普遍存在。虽然原始的自然信俗在大多数文明发展中逐渐弱化乃至消亡，但在少数文明形态中，自然信俗也依然在社会信俗中占有一席之地。在中国传统社会，原始的自然信俗之所以可以长期保持生命力，主要是因为社会经济形态以农业为主导地位，传统农业对日照、降水、地质地貌等自然要素极度依赖，也使得对自然力量的祭祀活动具有广泛的群众基础。这一点在各类与降雨有关的自然神灵崇拜中得以明显体现。

二是来源于生产生活。与社会生产生活有着密切相关的神灵占据民间信俗体系中的重要地位，体现了其功利性和实用性。中国传统社会中，农业生产极其重要，与农业生产生活相关的，如龙王、土地神、谷神、牛王等神灵崇拜在传统社会中非常普遍。另外，如鲁班崇拜、酒神崇拜、茶神崇拜、扁鹊崇拜等，则反映了地域的产业状况。例如在东南沿海，出海贸易和务工活动频繁，出海贸易对地域整体经济状况影响较大，祈求海上航行安全的妈祖信俗崇拜则成为主流。

三是来源于被神话的真实人物。民间信俗中的崇拜对象，来源于历史和现实中的真实人物，大多都是从“人”到“神”的转变过程，由于其得到普遍认同的道德，如忠义、节孝、诚信、清廉等品质或个人能力，又或是生前的某些重要贡献，如保家卫国、治理水患等。

四是来源于祖先崇拜。中国传统社会中家族血缘关系具有长久的生命力，儒家思想几乎从一开始就与宗族文化紧密联系，并在发展中逐步明确了以家庭为核心的“家国天下”同构的秩序体系。同时，农业社会对土地的高度依赖性导致聚族而居的居住模式，这也进一步强化了宗族血缘关系在整个社会结构中的重要作用。

与民间信俗崇拜对象的特征和类型相对应，民间信俗类宫庙建筑涵盖了三大类型。

各种类型的民间信俗通常都有对应的建筑或构筑物作为其物质载体，提供供奉的空间，并作为祭祀、祈福等相关信俗活动发生的场所。闽南妈祖宫庙也不例外。同时，信俗活动影响着民间信俗建筑的功能格局、建筑形式和周围环境。

一是自然信俗类的宫庙。传统农业生产对日照、降水、河湖、地貌等自然要素有着很强的依赖性，自然因素往往决定了农业生产的经济效益，直接关系到民众的生活水平，因此这类信俗活动有着非常深厚的群众基础和社会经济基础。这类宫庙主要包括反映农业社会中人与自然万物等密切相关的庙宇，如土地庙、山神庙、水神庙、雨神庙、雷神庙、风神庙、雹神庙等类型。包括人类社会早期的自然信俗的动物图腾崇拜，如龙王崇拜，都可以视为自然信俗的一种延续。自然信俗宫庙一般规模不大、形制简单，建造技术和装饰技艺因地制宜、不拘一格。

二是行业信俗的庙宇。它反映了与人类生产活动相关的信俗文化。其中农业生产是最重要的组成部分，并与自然信俗之间存在着一定程度的重叠。如龙王庙、土地庙（图 1-8）、农神庙、谷神庙、牛王庙等。同时，有的行业信俗类庙宇还具有与当地产业状况密切相关的地域性，如鲁班庙、盐宗庙、伯灵翁庙、陶师庙、黄道婆庙、酒神庙、茶神庙、扁鹊庙等，这些宫庙都体现了所处地域的生产状况，并且往往与行业组织活动有密切的联系，如承担行业会馆的功能。

图 1-8　泉州美山天妃宫内的福德正神庙（土地庙）

三是人物信俗的庙宇。民间信俗中，对人神之间的边界没有明确的划分强调。皆因个人能力或为族群、行业做出重要贡献而成为人们信俗的对象。这一类源于人物的崇拜对象的祭祀场所往往被称作公祠，而那些被神化成神灵，特别是受到世俗政权敕封为神的人，则通常以宫庙的形式供奉。这类公祠、庙宇在各地的乡土聚落分布广泛，如妈祖庙、关岳庙（图 1–9）、张飞庙、禹王庙、神农庙、财神庙、城隍庙等。

图1–9　泉州关岳庙

妈祖宫庙建筑的类型不能单纯地被视为人物信俗的庙宇，而是具有复合型特征，既包含反映农业社会中海河、气候变化等有密切关系的自然信俗类型，还包含反映与人类生产生活相关的行业信俗类型，同时又具备为族群、地域行业做出重要贡献而被人们供奉的人物信俗类型。随着妈祖职能的不断扩大，也增加了妈祖宫庙建筑的多样化类型。

1.2.2　闽南妈祖宫庙建筑的秩序与组织

中国民间信俗可以看作是原始自然信俗和多神信俗在发展中的产物，具有世俗化的特征。同时，人神之间的关系不是“信俗—被信俗”的关系，而是“祈求—回应”的关系。评价神的价值标准是否“灵验”，即是否能够响应人的祈求福祉、禳除灾祸的要求，“灵验”的神将会被修建更多寺庙、塑像，得到更多的香火[①]。

民间信俗类宫庙大多时候在社会文化和日常生活中都占据着重要地位，成为当地最重要的公共空间之一。民间信俗类建筑表现出与其他宗教建筑不同的标准形制。

在内容方面，民间信俗建筑以满足人民祈福禳灾的需求为主，例如民间信俗庙宇所承担的功能。

在形式方面，民间信俗类建筑空间格局仍然大致遵循宗教礼仪轨迹的要求，但也受到地域文化状况影响而有所不同，其建筑形式往往会带有明显的地域性特征。

在与聚落结构和公共空间系统的关系方面，民间信俗建筑表现出与地域环境条件和建筑传统有着更多的联系，很多情况下形制与所处聚落中的民居建筑会更为接近。并且和一般的制度性宗教建筑分布在聚落中重要位置，如村口、聚落中心或者聚落中地形高处等情况有所不同，民间信俗类建筑通常位置更为分散和随意，规模也相对更小。如果当地的民间信俗活动兴盛，那么信俗类宫庙建筑往往能够成为社会公共生活和聚落空间结构的中心。

很多民间信俗类建筑，不依附某个专门建筑，而是直接在廊桥等交通便利位置设置神像，有些则完全不做遮蔽，露天放置。还有些则与民居相结合设置。可见，民间信俗不仅体现出与聚落公共活动和公共空间系统的关联性，与民居空间也有很大的联系；呈现出明显的多样化特征。

民间信俗活动具有复杂性和多样性的特征，致使其所对应的信俗类宫庙建筑的空间组织模式同样呈现出复杂性和多样性的特征。影响民间信俗类宫庙建筑的空间组织模式特征的主要因素是：官式建筑的影响和民居地域建筑的影响，二者在某些地方还会呈现出高度的一致性。

民间信俗类宫庙建筑的主要空间组织模式包括：

其一，单进院落式空间组织模式。该空间组织模式应用非常普遍，对于

---

① 戈特弗里德·森佩尔.建筑四要素[M].北京：中国建筑工业出版社,2009.

官式建筑及民居建筑都是极为常见的选择。同时，单进院落的模式在大多情况下能够适应民间信俗活动灵活、分散、规模较小的特点，因此，各类型的民间信俗宫庙建筑都不乏采用单进院落空间组织模式的例子。在单进院落式的民间信俗宫庙建筑中，正房通常是用于供奉、祭祀的空间；厢房可用于供奉、祭祀，也可用于储物等辅助功能；南方地区两厢开敞不设厢房的情况也较为常见。倒座房以居中设大门为常见，两侧通常为辅助用房。信俗类宫庙建筑通常采用居中开门的做法，体现出对仪式性和纪念性的强调。

其二，多进院落式空间组织模式。这类模式在民间信俗类建筑中应用不算普遍，主要因为受到更加严格的营建成本的限制。但依然有该模式的民间信俗类宫庙建筑存在，这类模式大体属于两种情况。一种是对于特定地域或特定群体特别重要的区域性大型民间信俗宫庙，这类宫庙建筑服务人群不限于单一或邻近的区域，而是服务范围较广的一片区域，最为典型的例子就是闽南地区代表性妈祖宫庙——泉州天后宫。其规模举世罕见，作为最大的天后宫承载着闽南地区妈祖信徒的主要信俗活动。另一种是多神合祀的信俗建筑，特别是制度性宗教神灵与民间信俗神灵合祀的宫庙，往往也有较大的规模。多进院落模式提供了更多的室内空间，使得室内空间的专门化程度更高，供奉神像的空间和仓储、辅助类空间的区分更为清晰。另外，多进院落信俗宫庙的第一进倒座位置设置戏台的做法也有出现，有些大型宫庙还在内部设独立戏楼。

其三，集中式空间组织模式。摆脱合院式空间模式的限制，采用近似单一大空间的形式。从信俗类建筑的空间形态演变来看，为崇拜、信俗和祭祀活动提供充足的空间是主要的发展方向。因此，将原有的合院式建筑中分散的室内空间连为一个整体应该是一种自然的做法，这类建筑多位于江苏、浙江、湖南、湖北、四川、重庆等南方降雨较多的地区，室外空间的使用受限于天气状况，且院落形式多以狭小的天井为主。采用封闭部分的天井以求获得更多的室内空间，从而满足举行信俗仪式的需求。这种近似集中式的空间组织模式是地域建筑形态因功能需求所产生的自然演进。

其四，单一整体建筑空间组织模式。大多数民间信俗建筑最常见的空间模式还是单栋建筑，不设置院落，通常为三开间，内部主要用于供奉神像和举行简单的朝拜仪式，而不提供举行复杂的祭祀仪式的内部空间。一些规模更小的庙宇已经不具备建筑的基本尺寸，内部空间并不容纳人进入，而只是提供陈列神像的龛位，因此相应的，在建筑门前连接的室外场地则显得更为重要，用于提供较大规模祭祀活动时人流聚集的空间，同时，在这块空地上也常设有临时性的遮蔽构筑物，以备举行仪式活动时应对多变的天气状况。

闽南妈祖宫庙主要空间形式多种多样，除了以上集中式空间组织模式不多见，其余几种组织模式都有出现，但更多的还是以单进院落式空间组织模式为主，同时单一整体建筑空间模式也较为常见，这除了与当地的地域自然特征有关，与生产生活等经济活动也密不可分。

1.2.3　闽南妈祖宫庙建筑的多样性与地域性

对于民间信俗类建筑的地域性来说，通常自然地理和资源经济层面的差异被视作对地域性影响的基本因素。但社会文化条件在其中的影响也不可忽视。尤其民间信俗类建筑的内容和形式，都会受到民间信俗的地域性特征影响，从而在不同地域之间呈现出不同的面貌。而民间信俗活动和信俗文化所呈现出的强烈的地域性，也是其重要的特征之一。

传统时期的民间信俗活动大多与各种自然要素或是重要的生产要素有着紧密联系，例如土地、水、风、植物等与人类社会关系密切的自然要素，以及农业、锻造、纺织、医药等与社会生产方式相关的生产要素都有对应的神祇存在。虽然这些要素具有多样性的特征，但影响程度则因为地域差异有很大不同。例如，热带地区很难形成关于冰雪神话的信俗，沙漠地区不会有海神的信俗。

并且由于各地自然条件和社会条件的差异，即便是相同要素形成的信俗也可能走向不同。以中国不同地域的水神崇拜为例，基于对水在生产生活中的重要作用和破坏效应的认识，原始的水神信俗普遍存在。随着社会的发展，对原始水神崇拜也产生了不同的走向，中国传统社会重农意识使得对水的需求尤其重要，稳定的降雨可以保证农业生产的顺利丰收，因此相对应的龙王信俗及祭祀祈雨仪式较为常见。而在闽南地区，海洋文化盛行，重商主义的港口城市对海上商路的依赖，使得海洋的不稳定和破坏力成为人民心中对水的最直观印象，这也成为妈祖信俗的主要来源。由此可见，同样的原始起源在不同的社会生产和文化条件下会产生不同的神话形象和意义。

很多时候，建筑的形制与其所处的环境中的民居建筑更为接近。一方面，各类民间信俗通常都有对应的建筑作为其物质载体，提供供奉的空间，同时也作为祭祀、祈福等相关信俗活动发生的场所；另一方面，信俗活动从一开始就持续影响着民间信俗建筑的功能格局与建筑形式，从而在很大程度上塑造了民间信俗建筑的建成环境。

中国传统时期民间信俗对建成环境的影响，不仅体现在信俗类的宫庙建筑之中，在聚落选址和整体空间格局的规划与营建中，同样能看到民间信俗文化的强大影响力。

对建成环境的影响体现在对自然环境与人类造物之间关系的处理方面。如，水是传统社会日常生活和农业生产中不可或缺的重要元素，是与人类生产活动关系最密切的部分。因此视水为生机的表现和载体，将水视为财富的象征。许多村落的选址和格局都非常重视与周边山水环境的关系，从择址观念及利用自然要素改善环境的角度出发，使树木、水体等自然要素成为空间的重要组成部分（图 1–10、图 1–11）。

图 1–10　依海而建的惠安小岞镇

由于传统时期建造过程中，地形山脉走势对交通、水源、植被、资源、安全等因素产生不可忽视的影响，因此同样重视山地形势的意义。

图 1-11　水系和聚落

无论是传统时期还是当代，建筑的营建活动与社会文化之间都存在着紧密的联系。一方面，特定时期、特定地域的社会文化、群体心理和审美情趣会影响建筑的选址、格局、功能和形式；另一方面，既有的建成环境也会影响个体与群体的生活方式、心理模式和行为模式。因此，人与营建活动之间，社会文化与建成环境之间的关系并不是单向的，而是双向相互影响的。

从民间信俗活动和信俗类宫庙建筑的关系来看，首先，特定时期、特定地域信俗活动的强度、频率和类型决定了民间信俗宫庙的数量、选址、规模和形制；其次，既有的信俗类宫庙也会作为信俗活动最重要的载体，潜移默化地推动信俗文化在社会中的影响和作用。

例如闽南地区，信俗活动占据城乡社会中的重要地位。海陆相接、靠海为生以及长期的对外海洋贸易所带来的妈祖文化，使相关的妈祖宫庙建筑遍布闽南各地，形形色色的民间信俗在闽南乡土文化中都占有一席之地。这种多元化的信俗状况，很大程度来自闽南文化中的实用主义特征和开放心态。在闽南人看来，只要能够保境安民，并不需要在意信俗对象的来历和身份。兴盛的多元化信俗，造就了闽南城乡聚落中信俗类建筑数量多、密度高、形式多样、与聚落生活联系紧密的特点，同时多样化的民间信俗类宫庙建筑也作为各类信俗活动的载体，传播着各类信俗文化，进一步强化和巩固了信俗文化在闽南文化中的重要地位。

民间信俗类宫庙建筑本身具有极大的丰富性和多样性，其相应的建成环境类型也多种多样，就民间信俗类宫庙建筑的数量、规模而言，全国范围内的建成环境大体可以划分为六种情况。

其一，地处边陲或交通不畅的少数民族聚落。地处偏远，受官方主流意识形态影响较弱，本地域原生性的民间信俗文化保存较好。民间信俗类宫庙建筑的规模不大，空间布局简单，与聚落生产生活联系紧密。如云南彝族自治州的哈尼族聚落，贵州黔东南苗族侗族自治州的苗族、侗族的建成环境。

其二，深受外来制度性宗教影响的少数民族建成环境。受官方主流意识形态影响较弱，仅地域主体宗教得到发展，民间信俗类建筑少见。

其三，传统农耕文明的建成环境。受官方主流意识形态影响较强，制度性宗教寺观在信俗类建筑中占据相当比重，与农事生产和传统农耕生活相关的民间信俗类宫庙建筑也相对发达。同时，以农为本，崇文重教，宗族祠堂家庙也较为常见。如陕西关中地区、江西、湖北、湖南等地的建成环境。

其四，临近政治文化中心的建成环境。受官方主流意识形态影响很大，商业兴盛，人口流动性大，散居宗族居多，祖先崇拜和宗族信俗受到压制。制度性宗教寺观等信俗类建筑占据多数，同时与日常生活相关的关帝庙、土地庙、五道庙、龙王庙、娘娘庙等民间信俗类宫庙建筑也较为常见，但规模不大，也基本不设独立宗祠。如京冀、山西、中原、江南等地的建成环境。

其五，闽粤沿海的建成环境。受官方主流意识形态影响较弱，民间富庶、渔业及海上对外贸易等经济生产模式对海洋的依赖，地域呈现多元融合的特征。对新的信俗文化保持开放心态，且具有很强宗族观念和族群意识。各类民间信俗均有生存空间，信俗活动高度发达。民间信俗以与海洋生活息息相关的妈祖信俗最为常见，其他与日常生活相关的宫庙建筑也并不少见，呈现信俗建筑林立的盛景。如福建闽南地区、广东潮汕地区、台湾地区、海南等地的建成环境。

其六，民族文化融合的西南部分地区的建成环境。在西南部分地区，不同民族的信俗活动逐渐融合，形成高度丰富的信俗文化形态。不同民族带来了不同的信俗活动类型，并在地域化进程中逐渐融合，造就了高度丰富的信俗文化形态。如云南、广西、四川、贵州等汉族文化与少数民族文化融合的地区的建成环境。

建成环境的精神要素：民间信俗活动和信俗文化对建成环境的影响还体现在更加深远的精神层面。当从历史的角度追溯中国传统建筑的形式起源时，能看到信俗活动在其中所产生的持续性影响。影响最大的便是合院形态是否具有精神意义上的中心，或者说合院形式是否具有向心性，是否包含具有明确意义的精神中心要素，同时这也是合院式建筑地域特性的重要表现之一。

中国传统建筑无论是民居还是公共建筑，在合院形态中仍然保持有精神中心要素的情况已经不多见，传统合院形态依然保存精神中心要素的原因是传统社会的精神信俗世界的世俗化特征。当中国传统建筑发展到后期，在建成环境中遗留下来的精神要素更多的是建筑本身。这类建筑在具备一定实用功能的同时，保持了相对较为强烈的精神性。

闽南妈祖宫庙在格局上也部分保留着向心性合院布局和中心的精神性要素，许多妈祖宫庙在中心合院布局中设置拜亭或将合院改成拜亭，也有在合院中设置拜亭，两侧留出院落空间，拜亭提供香客信众敬拜神明的空间，是精神表达的承载。例如霞霖天后宫，就是在合院布局的中心单独设置了拜亭，保留了院落空间的同时还增加了精神要素的空间（图 1–12、图 1–13）。

图 1–12　惠安霞霖天后宫合院布局的精神要素

屋顶的精神意义在中国传统建筑建成环境的精神要素中，显得特别重要。屋顶是中国传统建筑最重要的形式特征，屋顶在形式和象征意义方面都要远高于围墙护体。屋顶具有建筑学本源意义的要素。在中国传统社会，屋顶的形式更重要的意义并非向神灵致敬，而在于表达和强化世俗的社会秩序。

图 1-13　妈祖宫庙中精神要素的体现——拜亭

在中国，原始信俗以及相应的仪式一直流传下来，从官方到民间的信俗行为，都和社会秩序结合在一起，成了中国文化传统中一种重要的精神力量。无论是宫殿建筑对世俗秩序的表达，还是宫庙建筑，屋顶形式的外部表达都成为最为显著的视觉要素。从民间传统居住建筑来说，屋顶具有稳定的与“家”字的意象联系的文化意义，“家”字上面的“宀”是双坡屋顶的意象，可见中国文化中，坡屋顶的意象从一开始就和对“家”的属性认识紧密结合。

妈祖宫庙建筑有着强烈的原始信俗的痕迹，同时又因源于民居，屋顶具有坡屋顶的意象，正是基于这两点建立起形制特别的屋顶，在本身结构优美的屋顶上点缀繁复且带有海洋文化气息的装饰，展现出妈祖宫庙建筑独有的屋顶形态和所传达的意象。原始信俗的痕迹与民间传统居住的屋顶两者的紧密关系证实了传统建筑体系中屋顶的重要性，以及对中国传统建筑单体形态、建筑组群形态乃至聚落与城市天际线的重要影响。这种影响甚至超越建成环境的范畴。

由于民间信俗建筑表现出与地域环境条件和生产生活更为密切的联系，也为接下来在闽南妈祖宫庙建筑的研究中，针对渔歌烟火中的闽南海洋渔业生产和港市地域与妈祖宫庙的联系，以及闽南民居对闽南妈祖宫庙建筑的原型影响等问题的研究提供了新的方向。

第 2 章

闽南妈祖宫庙建筑的环境营造

民间信俗类建筑一方面受民间信俗文化的影响，另一方面也因自然地理、资源经济和社会文化条件而呈现出独特的地域性特征，不同类型的民间信俗类宫庙建筑拥有不同的建成环境表现形式，其中闽粤沿海的建成环境表现为宫庙建筑林立、各类民间信俗共存，并与海洋生产生活息息相关。民间信俗活动和文化对民间信俗类宫庙建筑的聚落选址布局、建成环境、建筑秩序、整体空间格局的规划与营造等产生影响。

2.1 渔歌烟火中的闽南妈祖宫庙建筑

在中国传统建筑中，信俗类建筑是最为重要的公共建筑类型之一，在很大程度上代表了一个时期建筑形制和建造技术发展的最高成就。同时，信俗活动对社会生活各个层面都有影响，并通过对社会整体文化精神和审美情趣的影响作用于营建活动的层面。信俗类建筑一方面会受到封建王朝的官方主流意识形态和信俗文化的影响，另一方面也会因地域的自然地理、资源经济和社会文化条件而呈现出独特的地域性特征。与之相关的信俗活动，往往与农事活动、商业活动等生产生活性活动紧密结合，并对聚落整体结构和公共建筑的形式产生重要的影响。

2.1.1 渔业活动与妈祖信俗

人类历史上第一批走向海洋的便是海洋渔民。海洋捕捞是人类最早的从大海获得利益的活动，在这个过程中，大海带来的种种不确定性，让渔民们急需妈祖信俗这样的精神寄托，至此，妈祖信俗得以贯穿整个海洋渔业的生产生活过程。

尽管渔民海上生活艰苦，风险难测，但他们依然选择直面大海，以海为家。面对复杂的海上环境，没有消极惧怕，反而练就了豪爽勇敢、敢于拼搏的性格。但即便如此，海上生活的不确定依然会给渔民带来不安，妈祖的出现恰好弥补了渔民心态上的缺失。

早在先秦，我国沿海渔民中就流行以祭祀祈求神灵保佑捕鱼的习俗。据唐朝陆广微《吴地记》记载，“王焚香祷天，言讫，东风大震，水上见金色逼海而来，绕吴王沙洲百匝，所司捞漉得鱼，食之美，三军踊跃”[①]。可见，吴王袭用当时沿海渔民普遍采用的焚香祷祝以求渔业丰收的祭神仪式来捕获黄花鱼。

① [唐]陆广微：《吴地记》，《吴地记佚文·六土产》，第178页。

渔业活动包含了下海前后的一整套详细流程。首要环节就是渔船的装饰。渔船是广大渔民赖以生存的重要工具，渔民以船为家，造船更是要谨慎。造船的过程讲究不少祭典仪式与禁忌。渔船的装饰也有诸多讲究。如过去各地造船时要在船头刻画一对“龙目”，又叫“船眼”，民间认为，只有给渔船刻画“龙目”，才能在航行中不迷失方向，并能准确把握鱼群走向（图 2–1、图 2–2）。

图 2–1　出海捕鱼的渔船普遍刻画“龙目”

图 2–2　刻画“龙目”的渔船

福建省泉州市惠安县崇武半岛的渔民，造好新船后，还有一番特别的“点睛”仪式，即下水前对渔船画“龙”点睛。新船还要贴上喜庆对联，诸如“船头破浪行千里，桅后生风送四海”，表达渔民渴望平安并满载而归的心愿。福建泉州晋江、石狮沿海渔船，尤其是乌艚渔船出外海捕捞，船上必须插上一面黑旗，以示渔船将开“杀生”之戒，祈海神保佑。有些船只还会插上“乌鸦旗”，又叫“桅尾旗”，保平安，测风向。闽南还有一些地区插上令旗以祈求一帆风顺。

在渔汛期出航前，渔民们非常重视妈祖信俗。据《福建省志 · 民俗志》记载，福建沿海古代渔民于“每年春节过后，第一次出海要占卜择日，一般是到妈祖庙（天后宫）进香，求问时机良辰，由神意定夺出海时期”。这种风俗至今依然在福建沿海广为流传。可见在福建渔业的发展过程中，妈祖信俗一直都是渔民的精神支柱。

真正大型频繁的妈祖信俗活动并不是在海上，而是在渔村。渔村中妈祖信俗活动带有强烈的海洋性色彩。海洋区域的渔村可被称为海洋性渔村。闽南一带渔村分布广泛，常见分布于海岸线及岛屿。

可以把渔村看成一个特殊的海上社会，不同大小的渔村就是不同大小的海上社会，存在着不同类型的祭祀活动。可粗略分为整个渔村、渔业作业组以及渔民家庭的祭祀活动。

整个渔村的祭祀活动。渔村信俗活动基本上是制度化的。它源于渔村中约定俗成的相对固定的信俗日期与信俗仪式。各个渔村还流行着不同的习俗。这些信俗活动都有着自己一套约定俗成的规矩，有的有固定的举办仪式的日子，有的则与传统节日合并，具有无形的导向性与规范性，渔民家家户户很自然地都会参与祭祀。闽南地区有些渔村祭海神的传统节日是农历七月二十九日，称为“普度”[①]，“普度”是福建闽南沿海地区（包括金门）的一种民俗文化现象，祈求的内容甚多，包括祈死者早日超脱、雨泽以抗旱、赦过以除愆等。闽南有些渔村，普度这天人们要祭拜“好兄弟”，十分隆重，为了让这些不幸的亡魂得到慰藉，家家户户还要备好水酒肉食、香烟纸钱来祭拜，祈求他们显灵庇佑，祭祀遇难者亡灵被认为会保佑生者出海捕鱼。

渔村的信俗活动基本上是举家参与。这种以家为单位参与的信俗活动，增强了渔村的凝聚力，为未来共同面对海洋，奠定了信心与力量。渔村群体信俗活动的举行，正是群体协作精神的体现，它从仪式上反映了海上渔业生产中的协作精神。

渔业作业组的祭祀活动。可以把渔业作业组看作是一种特殊的小型海上社会，由于这种特殊的海上社会是针对海上的捕鱼生产而形成的，因此在这个特定的海上社会中，所有成员都有着相同的命运和利益，命运共同体决定了他们有着共同的祀神活动。

渔业作业组的常规信俗活动除包括出海前的祭海活动、海上的求愿活动之外，还包括表达平安返航、丰收后的感激还愿活动。如石奕龙在《福建惠安大岞村的妈祖信仰调查》一文中指出：“当渔船丰收归航后，到天妃宫向妈祖还愿是获得好收成的渔船必需的礼节”[②]。可见，福建惠安崇武渔村的渔

① 宋代泉州于中元节举行斋醮（祭神礼节、设坛祭神）活动时，已把佛教的词语“普度”转化为地方民俗的名词。

② 石奕龙．福建惠安大岞村的妈祖信仰调查 [J]. 东南文化，1990 (3):44–46.

民平安返航的当天，要备上贡品到邻村大岞的妈祖宫去酬谢还愿。

在渔业作业组中，长期在海上的生产作业可以看成是一种“船上社会”。在船上社会中，船老大地位最为特殊和重要。妈祖信俗的活动中，船老大担当着不可替代的角色。通常船老大要在渔船出海前组织与主持活动。渔船在海上往往要待很长一段时间，因此在海上作业的过程中也要经常举行各种信俗活动仪式。这些仪式大多由船老大主持，且贯穿海上作业到渔获后的整个过程。作为海洋渔业生产中的关键人物，船老大除了要有丰富的海上渔业生产经验与技术，还要懂得信俗仪式的一整套规矩与技法。

渔业作业组的信俗活动中，渔船上的船老大不仅是渔业生产的指挥者，更是重要的参与者、组织者、主持者，这一系列仪式的信俗活动关系着渔民的收成与否，由此可见，渔民的妈祖信俗是与渔业生产紧密相连的。

渔民家庭的祭祀活动。在渔村中，各渔民家庭也会因某种原因而独自进行许愿与还愿的活动。

不少渔家妇女们直接参加海上生产。特别是福建闽南的渔家女，从小在海边长大，学会了划船、摇橹、撒网，还会站在竹排上钓大鱼，对渔业生产提供了有力的支持。此外，还从事织补渔网、挑运渔货等辅助性的工作。特别是织补渔网，都是手工活，大多由妇女从事。在泉州市惠安县的渔村中时常可见渔家女在家织网。由于男人出海，不仅家中事务均由妇女包揽，在亦渔亦农的地方，妇女还是农业生产的主力（图 2–3）。

图 2–3　勤劳的泉州惠南女

每逢妈祖诞辰日，各地妈祖庙都会涌进无数的渔妇，她们烧香焚纸，祈祷渔家平安。在福建惠安崇武渔民的信俗活动中，当渔民出海打鱼时，渔妇们都要准备好贡品到妈祖宫庙去烧香祈望平安，渔妇们对何时、何地、如何进行相关的信俗活动了如指掌，外出捕鱼的渔夫们只需要照做就行。

综上所述，在渔村中渔妇是妈祖信俗活动的积极参与者。对相关活动礼仪的了解，使得渔妇们在家庭信俗活动中居主导地位（图 2-4、图 2-5），但在渔村中举行具有全民性的信俗活动中，渔妇则为辅助作用。这也是由渔妇们在渔业生产中的角色及地位决定的。

图 2-4　渔女作为仪式的主力军

图 2-5　蟳埔村妈祖巡境渔女作为仪式的主力军

2.1.2　个案分析：泉州市惠安县惠东地区渔民妈祖宫庙调查

渔民信俗具有自身的特点：一是庞杂性。福建渔民靠海吃海，妈祖成为福建渔民信俗的主要对象，被当地渔民看作是生命和财产的保护神，是保护航海顺利、渔业丰收的护航神，格外受渔民崇信。同时，关帝、龙王、水仙王也是福建渔民公认和共同信奉的海上神明。只要能够庇佑渔民顺利生产，都被重视和信奉，因此，存在多神信俗融合的特点，群神汇集，一船多神，一户多神。各地还有各具特色、区域性很强的地方神，如护岛神、护境神，同一时期同一地域的人，所信俗的对象有时也不一致。

二是实用功利性。渔民对妈祖的信俗，是一种祈求回应的过程，渔民的祈愿是实用功利的，他们希望妈祖能庇佑其航海平安与生产丰收。同时，只要渔民们觉得能符合自身需求，就可以将其奉为海神信奉，并非一定要与海有关。因此我们常能看到渔民们的家中或者船上会供多尊不同的神明，只要对出海有利的他们都信奉，多一分信奉就多一分保佑。

对惠安惠东的田野调查也印证了渔民妈祖信俗的特点。共走访了惠安的东园、张坂、涂寨、山霞、东岭、小岞、东桥、净峰、辋川等多个镇，考察了 2 个渔村和 17 座妈祖宫庙（表 2–1），灵丕宫及虎母宫天上圣母庙未开放，无法入内参观，此外在獭窟岛调研时所见西峰后宫不属于妈祖宫庙。对惠东渔村海神庙的田野调查发现，不仅有形式多样、各具特色的宫庙建筑形制，还有丰富生动的妈祖信俗活动（图 2–6、图 2–7）。在此选取惠安惠东地区的妈祖信俗加以分析。

惠安县妈祖宫庙调查表　　　　表 2–1

序号	宫庙名称	建造时间	敬奉神祇	宫庙地址
1	龟峰宫	明朝	妈祖、比干公、相公爷	惠安县螺阳镇庄兜路云庄村
2	镇海宫	明朝	天上圣母、顺风耳、千里眼、土地公、白衣观音、西班头爷、金谢仁公、陈将军	惠安县海湾大道百崎回族乡百崎回族小学
3	圣母宫	不详	妈祖	惠安县百崎回族乡白奇村
4	埭上天后宫	清康熙十一年（1672 年）	妈祖	惠安县百崎回族乡莲埭村埭上自然村
5	獭窟妈祖宫	明永乐九年（1411 年）	妈祖、千里眼、顺风耳	惠安县张坂镇浮山村獭窟岛东峰
6	龙江宫	明正统年间	妈祖	惠安县东岭镇东埭村前堡
7	灵丕宫	不详	妈祖（宫庙未开放）	惠安县东岭镇东埭村西张
8	护海宫	清道光二十七年（1847 年）	妈祖	惠安县东岭镇彭程港
9	山透凤山宫	1992 年	妈祖	惠安县净峰镇净南村山透

续表

序号	宫庙名称	建造时间	敬奉神祇	宫庙地址
10	霞霖天后宫	清乾隆二十二年（1757 年）	妈祖	惠安县小岞镇
11	湖街妈祖宫	2016 年	妈祖	惠安县净峰镇崇贤街 64 号
12	凤山宫	2016 年	妈祖	惠安县净峰镇赤土尾村林场
13	后型妈祖宫	1989 年	妈祖	惠安县净峰镇敦南村后型村
14	旧潮显妈祖宫	清咸丰元年（1851 年）	妈祖	惠安县净峰镇上厅村
15	新后型妈祖宫	1995 年	妈祖	惠安县净峰镇新后型村
16	虎母宫 天上圣母庙	清康熙年间	妈祖（宫庙未开放）	惠安县东桥镇珩海虎母山南
17	大屿妈祖宫	北宋建隆年间	妈祖	惠安县大屿岛

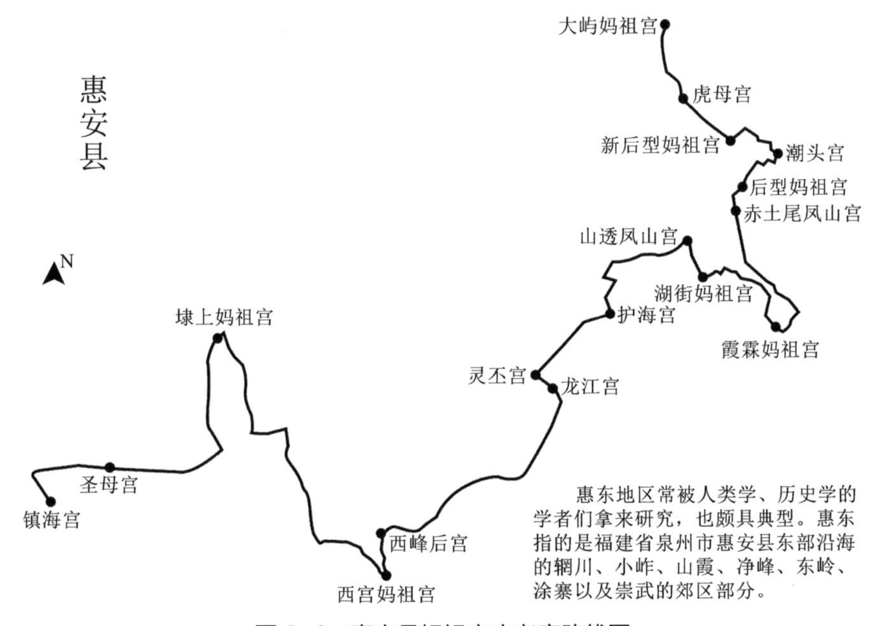

图 2-6　惠安县妈祖宫庙考察路线图

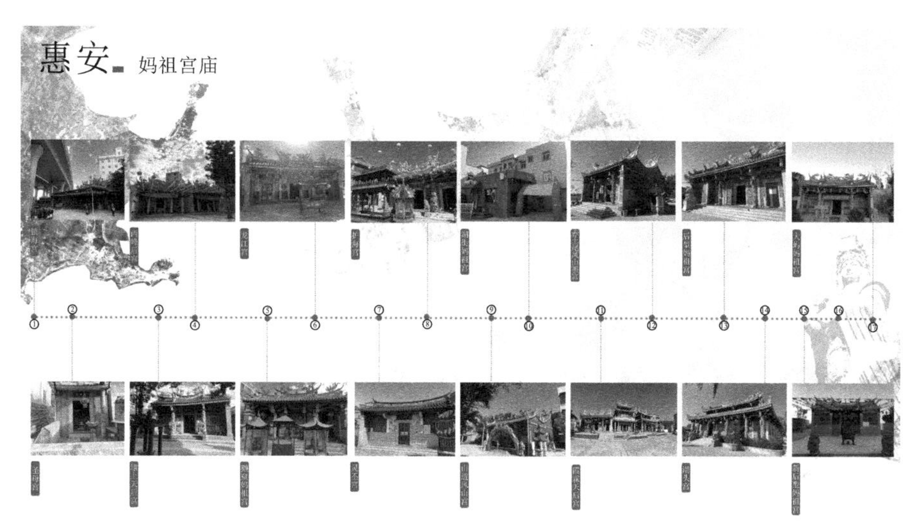

图 2-7　惠安县妈祖宫庙调研汇总图

惠东作为海洋文化的承载地，有着普遍的妈祖信俗。不仅能在宫庙里看到供奉妈祖，还能在百姓家中、渔民船内见到妈祖的神像。当地渔民在造船和出海捕鱼等事情上必会请妈祖来坐镇，出海的渔船会在船舱内供奉妈祖，保佑出海顺利。对于当地渔民来说，妈祖的职能已不断延展，变成能够消灾解厄的全能神。妈祖的塑像频繁出现在祖厝和家庭的祭祀体系之中。这里的人们对妈祖十分虔诚，每年的妈祖诞辰日，都会举行声势浩大的庆典活动。

从整体的惠安的人文关系看，独特的海洋地理环境与海洋人文环境构成一个完整的人文体系，海洋活动下的渔业和农耕，形成错落有致的海洋聚落。民间文化与士绅文化互相影响，分布有序的空间格局与靠海吃海的社会生活形成独特的人文景观，民间信俗则作为精神内涵联系着这里的自然与社会。

笔者在惠东的田野调查中发现，福建泉州惠南沿海诸多渔村的妇女在祭神中扮演着重要的角色。

惠安县沙格村是一个以捕鱼为生的渔业村，这里妈祖信俗盛行，几乎家家都供奉妈祖神位。这里的妇女在海神祭祀中发挥着重要的作用，当男人出海时，在家的妇女便会天天烧香拜妈祖，祈愿出海的家人平安归家。

随着捕鱼活动场所的变迁，渔民们将本地的信俗带往他处。渔民习惯到一地便设庙祭神，偏僻小岛也不例外。《福建沿海图说》就记载了一些无人居住的小岛上的宫庙：熨斗山，有天后宫；南竿塘，有妈祖庙；南日附近大螯山，有五显庙；大麦，有佛祖庙；东沙山，有大汉庙；大担，有天后庙；沙洲，有一小庙；大姜，有妈祖庙；小姜，有龙王庙；大坠，有天后庙；海坛南面横山，有大王庙等。以上这些小岛并无固定居民，大多是渔民利用其作为中转站。渔民随渔汛冬去春来，或附近海岛渔民在这些小岛上采紫菜、拾贝壳。虽是这样的小岛，渔民仍在上面建起了庙宇。如惠安大屿岛上的大屿妈祖宫便是典型。

惠安大屿妈祖宫，位于惠安大屿岛上，通往大屿妈祖宫的路程需沿着填海而成的小路前行，一眼望去，不见终点，两侧的发电风车群随风转动（图 2–8），当落日恰如其分地出现，非常应景。沿着看不到尽头的海面小路，吹着海风、就着日落，风车转动，看天空将海面染成了紫色，似乎没有什么能比这更让人松弛舒适的了，行至岛的中央便是大屿妈祖宫的山门，其水平位置略低于主庙，作为界定妈祖宫庙的界限和进入岛中宫庙领地的象征。大屿妈祖宫就在这安静地矗立着，许是眼下这美景改变了海神宫庙原本该有的气质，却多了几分闲适和安详，像是来探望独居海岛的老人，不用多言，只需陪伴。此时的大屿妈祖宫便是自然与现代社会之间的桥梁，一起构建了自然、人文、现代社会紧密呼应下的完整生态人文体系（图 2–9）。

图 2–8　大屿妈祖宫与发电风车

图 2–9　建在大屿岛上的大屿妈祖宫

2.1.3　闽南海商港市、海商航行与妈祖宫庙

海洋商人紧随海洋渔民走向了海洋，并很快成了追求海洋商业利益的群体。从事海洋商业贸易同样充满风险，不仅有商业的风险，还有海洋带来的风险。在这样多方风险的重压下，海洋商人迫切需要海洋神灵的寄托。因此，妈祖信俗也贯穿着整个海洋商业活动。

闽南传统的渔业经济活动与耕地农业生产方式，共同造就了一种新的生计方式，即以海洋贸易为特征的海洋经济生活方式。而闽南优越的海上交通区位以及善于造船的特点，为进一步走向海洋提供了有利条件，同时也促成了港市的生成与发展。

要追踪闽南地区的妈祖信俗，就绕不开闽南的海商港市。港市，即港口城市，它包括地理的时空坐落，同时也是一种人文区域，具有自然和人文双重属性。这里提及的港市，特指以海上通商贸易为主要经济特征的海港城市，包含港与市两种内涵。作为海洋社会经济活动中心的港市，与海上交通和商业贸易活动息息相关。

春秋以前，福建一带为东越地，称“闽”。《山海经·海内南经》记载“闽在海中”①，透露出古代福建与其他地区的社会经济联系在很大程度上是通过海上交往进行的。黄盛璋先生将中国港市的发展分为五个阶段，即秦汉至六朝南部港市发展期；隋唐五代东部港市发展期；宋元及明初中部与北部港市发展期；明中叶至鸦片战争前全国港市发展停滞期；鸦片战争后至新中国成立前港市发展期及繁荣期②。

从远古时期到南北朝，伴随着海上交通航运贸易的发展，港口也不断被开发，至隋唐五代时期，闽东南海外的交通活动加速了港市的发展。唐代经济繁荣，造船业发达，福州港造船业尤为兴盛。且唐朝的对外优抚政策促进了海上友好交往，地方政权积极招来海外商贾，闽东南海洋人文十分兴旺。唐中叶以来，国家经济文化重心发生南移，南方重商主义盛行。商品经济的

---

① 出自《山海经·海内南经》（战国时期），作者不详。
② 黄盛璋. 历史地理论集 [M]. 北京：人民出版社，1982:88-110.

发展使得沿海地区形成了重商求利的价值取向，以闽南为代表的东南沿海经济结构发生改变[①]。

宋代，政策变为“头枕东南、面向海洋”，福建经济快速发展，中国与国外的贸易重点转到海上。到了宋元时期，则是闽南港市的天下，海洋发展出现鼎盛时期。发展核心位于泉州，泉州在宋元之际一度成为首港，跃升为东方第一大港，一举成为海外贸易最发达的区域。其水陆江海相互连接的航运交通网络逐渐形成，泉州拥有发达的制瓷业、丝织业、炼铜业等国际上最需要的商品，同时江南等发达地区的商业与闽南联系紧密，大量江南商品流入闽南，参与闽南的对外贸易。随着社会经济的繁荣，指南针、航海图的出现促进了天文海洋导航、造船技术的快速进步，宋代闽南的造船航海技术超越之前的任何一个时代，居于全球领先地位。

明清时期是我国海洋发展的转型时期，海禁使得闽南港市发展受阻，但民间走私却大放异彩，因此闽南民间的海洋人文依然不断发展，并在走私贸易的背景下与西方、东南亚等地的海洋人文有着密切的交流互动。

总体上看，明清时期闽南港市发展经历了以泉州港为中心的中琉贸易时代；明朝隆万改革开海禁前后，以漳州月港为中心的私人贸易时代；明末清初，以厦门为中心的海上发展时代等若干阶段。可以从闽南的泉州港、漳州月港、厦门港的历史演化分析来具体了解闽南港市历史演化的一些规律。

从以上对闽南港市的历史演化分析来看，可以总结出两大规律，一是闽南港市的兴衰过程与国家政策密切相关。无论是宋元时期东方大港泉州港的崛起与衰落，还是明清时期漳州海澄月港从“小苏杭”变为了萧条小港，抑或是厦门港从无到有，从小渔村发展为闽南港市中心，这一系列的闽南港市的兴衰过程，都与国家政策主导有着密切关联。当政策面向海洋之时，先天条件优越的闽南港口就成了全国的港口中心，而当政策转向海禁闭关后，即便有着辉煌的过去也难免没落[②]。

二是港市的发展也是海洋人文的发展，二者紧密相连。海洋经济活动的

---

① 中国海洋文化编委会．中国海洋文化福建卷 [M]. 北京：海洋出版社，2016:41.
② 施坚雅，新之．中国历史的结构 [J]. 史林，1986（3）:134-144.

发展促进了港市的发展，港市具有典型的海洋特征，港市的形成也塑造了港市海洋社会的形成，便有了具备海洋人文特征的港市社会心态，也是港市民间社会意识形态的体现。这体现在，凡是商船在进出闽南港市之前，船户、水手、海商们都会去妈祖宫庙敬拜，祈愿一切平安。闽南海商港市妈祖宫庙香火的繁盛，已然展现出当时海商港市的精神形态。

妈祖信俗的出现给海洋经济活动和港市发展以精神形态的支持和抚慰。妈祖信俗的发展过程显然与港市的发展息息相关，从其在泉州大港时期被不断加封，可见妈祖神格的不断提升与闽南海洋港市的发展变迁有密切关联，而妈祖信俗在全国性的传播也和泉州港的地位提升有着密切的关联。

妈祖宫庙的不断增多，也是妈祖信俗物化的表现，如泉州一带，规格最高、规模最大的南门天后宫。此外，还有众多的规模较小的崇奉妈祖的宫庙，不胜枚举，可见泉州港的妈祖信俗之风。除了泉州之外，闽南的漳州、厦门也都有众多祀奉妈祖的庙宇。如海澄月港天妃宫、厦门何厝顺济宫等[①]。

可见闽南妈祖信俗的发展与闽南港口的发展息息相关，宋元的泉州刺桐港、明代的漳州月港、明末清初以后的厦门港都给世人留下了许多宝贵的海洋文化遗产，而这其中，妈祖信俗宫庙建筑正是这些海洋文化遗产中最有价值的表现之一。

除了海商港市外，海商航行也与妈祖信俗关系密切。我国古代从事海洋贸易的海商在出海前要举行祭海活动。唐宋时期，在妈祖信俗还没有成为主流之时，福建泉州南安延福寺的通远王，为泉州最“灵验”的海神之一，每年的春季和冬季，商贾都纷纷前往祈祷祭拜。“祈风”仪式在南安九日山延福寺的通远王庙举行，向海神通远王祈求中外商船顺利航行。据《水陆堂记 · 丰州集稿》载“泉之南安有精舍曰‘延福’，其刹之胜，为闽第一。院有神祠曰‘通远王’，其灵之著，为泉第一。每岁之春冬，商贾市于南海暨番夷者，必祈谢于此……声马之迹盈其庭，水陆之物充其俎……”[②]可见，

---

① 出自清乾隆年间薛起凤等人编著《鹭江志》卷一中《庙宇》篇，清道光年间周凯总纂《厦门志》卷二《分域略》。

② [宋] 李邴 . 水陆堂记 [M]// 陈国仕 . 丰州集稿 . 泉州 : 南安县志编纂委员会 ,1992:363.

祈风的目的是向海神通远王祈求保佑远洋商舶一帆风顺，而祈风盛典的场面相当隆重，祈风祭典之后还要刻石记事。至今位于泉州南安的九日山山上依然保留着数段当年的刻石记事，充分说明了当时通远王有着很大影响力。九日山祈风石刻群，作为泉州古港远洋贸易的见证，也一并被列入了世界文化遗产。而泉州官员的“祭海”仪式，则从北宋至南宋中期都是在晋江边上的真武庙举行[①]。

明清时期，海商出海前祭祀海神的现象更为普遍。据《漳州府志》记载：“海澄县天妃宫在港口，凡海上发舶者皆祷于此。”[②]闽粤一带的海商下海出航前祭祀海神妈祖已成惯例，在当时，海商们认为如果出海前没有祭祀海神或是祭祀不够虔诚，都会遭遇不测。而出海前虔诚地祭祀神灵，即便途中遇险，也可化险为夷、平安无事。此外，明清时期有的地方海洋商人出海前还要请道士做“安船科仪”，以祈福禳灾，求得诸神保佑商船及船上人员平安。虽然在现在看来，这显得毫无科学依据，但在当时却是海商们深信不疑的。

海洋商人在出海前与渔民一样，要举行祭神仪式。最大的不同是祭祀的神灵更为多样。明代《地罗经下针神文》和清代《定罗经中针祝文》详细记载了海商出海下针前必须祭拜的诸神，除了妈祖外还包括“指南祖师”，是对发明指南针的人的崇拜；“阴阳仙师”，是对堪舆大师的崇拜；“罗经二十四向位尊神”指职司罗经方位之神；“橹班”是指“鲁班”，木工的祖师神同时也是造船行业的祖师神；而定针童子、转针童子、水盏神者、换水神君、下针力士、走针神兵等都属于罗盘指神针[③]。以上诸神都是出海下针前必须祭拜的。

从事远洋贸易不仅时间长、航程长，而且海况也更加复杂。所以在整个航程中也要举行仪式以求平安。例如在出海前祭神时，要从宫庙中请香火，并将其在船上继续祭祀。郑振满、丁荷生编纂的《福建宗教碑铭汇编：兴

① 原来应称“玄武庙”，后来改称“玄武”为“真武”。
② 出自明万历年间《漳州府志》，卷三十一，“古迹・坛庙”。
③ [明] 巩珍. 两种海道针经 [M]. 向达，校注. 北京：中华书局，2000:109.

化府分册》记载宋时“泉州纲首朱纺，舟往三佛齐国，亦请神之香火而虔奉之”①。

同时，商船航行至某地，还要祭祀当地海域专属的海神。据《泉南录》载：“昔尝海溢，有物如瓦屋乘潮而来，郡人异之，为立庙，凡商舟往来必祷焉。”② 例如在南北海上交通咽喉的山东长岛县的庙岛，岛上有“神妃县应宫”，也就是“天后宫”，供奉海神娘娘，过往的船只都要在这里停靠汇集，同时祭祀妈祖。这种状况延续到明清时期。

从事远洋的商船由于航程远，因而途中往往要停靠一些地方补充物资，同时逢庙必祭祀。因此许多停靠点都会为来往的船只设庙，以供祭拜。至今，福建闽南一带的船舶停靠之处，每一个码头都有一个小塔或者小庙，例如泉州晋江的江口码头，由于潮涨潮落，所以码头都是台阶式或者斜坡式的，随着水面的升降，船可以停靠过来，在这个码头的上面还有一个小塔，在泉州人的行为规范里，每次商船下码头的时候，人们都要拜一拜这个小塔或者到小庙祭拜，俗称“拜码头”。远洋商船在途中停靠后重新起航，同样要举行祭祀仪式。

远洋商船在途中遇到了神庙，若无停靠计划，也可采取在船上遥望祭拜的形式。关于整个航行途中停靠祭祀或在船上遥祭的情况，可以通过伦敦大英图书馆收藏的一份明清时期闽南漳州龙海一带道士所写的《安船酌钱科》科仪文书抄件进行了解。该科仪文书记录了国内去往不同方向的航路，其中不少地名后面附有神灵名号。选取从漳州海澄经厦门北上江苏、浙江、天津航路的闽南段及南下广东航路的闽南段，可以清晰发现每一次的航行途中都有祭祀海神的行动③。同时，在这份图表中可以清晰地看到（表 2-2），妈祖宫庙已经成为当时最重要的展开信俗仪式的场所，可见，在海商航行中，妈祖宫庙扮演着极其重要的角色。

---

① 郑振满，丁荷生．福建宗教碑铭汇编：兴化府分册 [M]. 福州：福建人民出版社，1995.
② 出自 [明] 黄仲昭：《八闽通志》，卷六十，“祠庙·大蚶光济庙”下册，第 409-410 页。
③ 杨国桢：闽在海中：寻求福建海洋发展史 [M]. 南昌：江西高校出版社，1998:89-91.

明清时期商船航路途中祭神情况表（自制） 表 2-2

漳州海澄经厦门北上江苏、浙江、天津航路(闽南段)		漳州海澄经厦门南下广东航路（闽南段）	
航路停靠点	祀奉神祇	航路停靠点	祀奉神祇
大嶝	妈祖	娘妈宫	妈祖
小嶝	土地公	海门	妈祖
寮罗	天妃	圭屿	土地公
东澳	妈祖	鼓浪屿	天妃
烈屿	关帝	水仙宫	水仙王
金门	妈祖	曾厝垵	舍人公
围头	妈祖	大嶝	妈祖
永宁	天妃	浯屿	妈祖、土地公
松系	土地公	井尾	王公
大队	妈祖	六鳌	妈祖
獭窟	妈祖	高螺	土地公
崇武	妈祖	铜山（东山岛）	关帝
大小岞	妈祖	宫前	妈祖
平海	妈祖	悬钟（诏安）	天后

海洋商人在海上航行中对神灵的祭祀并非单向，而是往返都要祭祀。若是在途中有曾“请上船”供奉的神灵，返程时则要举行仪式“送神”回去。此外，海商返航后还要举行还愿祭祀仪式。大多数的海商在酬神这方面表现得都十分虔诚。例如广州城南有座崇福夫人庙，据传庙中的各类浮花的雕刻、金银器皿及珍奇异宝皆为海商所献。到了明清时期，还愿酬神几乎形成制度且变得十分奢侈，“香火之盛，甲于一方”[①]。

在福建悠久的海洋贸易长河中，妈祖信俗与其息息相关，相辅相成。有海商足迹就有妈祖庙的踪影。随着海商贸易版图的不断扩展，妈祖还被海商视作商业保护神和财神，因此海上商人极力推崇妈祖。远洋贸易带来了妈祖信俗文化走向世界的传播。许多来自闽南的海商把妈祖带到东南亚，给当地

① [清]王韬．瀛壖杂志[M]．长沙：岳麓书社，1988:54.

带来了中华传统文化、海洋经贸业以及妈祖信俗。如今，在东南亚的新加坡天福宫依然香客众多，妈祖神像依然被华人崇祀，成了海商贸易与妈祖信俗对外传播的重要史迹。

2.2　闽南妈祖宫庙建筑的选址布局

2.2.1　闽南妈祖宫庙的空间分布特点

自然环境、地理条件决定了人类的生存和发展，地域特色和文化特征影响着建筑风貌，而闽南妈祖宫庙的选址也必然会受到这些因素的影响。从闽南宫庙建筑分布来看，以妈祖宫庙为主，一些地方性海神宫庙为辅，可见受闽南当地文化和海洋文化的影响很深，同时通过海洋商贸的影响力，还将闽南妈祖信俗对外传播。

沿海一带妈祖宫庙的分布格局特点较为鲜明，其建庙的目的是希望仰仗妈祖的庇佑，求得海河航运的平安顺利。从实地田野调查走访的泉州、惠安、厦门三地的 54 座闽南妈祖宫庙来看，可以总结出闽南妈祖宫庙的主要选址因素，包括紧邻水系、邻近港口码头、占据城镇中心地带。表 2–3 为泉州市主要妈祖宫庙的选址分布（含主要海神真武大帝、通远王）。

泉州市主要妈祖宫庙选址分布　　表 2–3

序号	宫庙名称	紧邻水系	邻近港口码头	占据中心地带	信奉海神
1	泉州天后宫	笋浯溪	内港渡口	城南聚宝街	妈祖
2	真武庙	晋江下游	法石古渡头	法石地区	真武大帝
3	顺济宫	晋江下游	法石古渡头	法石地区	妈祖
4	美山天妃宫	晋江下游	法石古渡头	法石地区	妈祖
5	蟳埔西头宫	晋江下游	法石古渡头	法石地区	好兄弟
6	法石长春妈祖宫（损毁修建中）	晋江下游	古渡头	长春村	妈祖

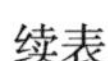
续表

序号	宫庙名称	紧邻水系	邻近港口码头	占据中心地带	信奉海神
7	泉州霞洲妈祖宫	晋江下游	—	浮桥镇	妈祖、祖公、仙公、地藏王、观音
8	后渚妈祖宫（未开放）	洛阳江	后渚港	—	妈祖、通天公、夫公、相公、七王府
9	昭惠庙	洛阳江	万安渡渡口	洛阳古街	通远王
10	洛江镇海宫	洛阳江	万安渡渡口	—	池王爷、天公、石龟像
11	龟峰宫	洛阳江	万安渡渡口	—	妈祖、比干公、相公爷
12	百崎回族乡镇海宫	洛阳江入海口	后渚港	—	妈祖、顺风耳、千里眼、土地公、白衣观音、西班头爷、金谢仁公、陈将军
13	百崎回族乡圣母宫	洛阳江入海口	—	—	妈祖
14	埭上天后宫	洛阳江入海口	—	莲埭村	妈祖
15	獭窟妈祖宫	泉州湾	古时獭窟海关	獭窟岛渔村	妈祖、千里眼、顺风耳
16	龙江宫（东埭妈祖宫）	泉州湾	—	—	妈祖
17	灵丕宫	泉州湾	—	—	妈祖
18	护海宫	泉州湾	古渡码头	—	妈祖
19	山透凤山宫	—	—	—	妈祖
20	霞霖天后宫	前海湾	—	前峰村	妈祖
21	凤山宫	惠女湾	—	赤土尾	妈祖
22	后型妈祖宫	惠女湾	—	净峰镇	妈祖
23	旧潮显妈祖宫	惠女湾	—	净峰镇	妈祖
24	新后型妈祖宫	—	—	—	妈祖
25	虎母宫	湄洲湾	—	—	妈祖
26	大屿妈祖宫	湄洲湾	—	—	妈祖

从表 2-3 中可以看到，晋江边的真武庙、美山天妃宫、蟳埔西头宫、顺济宫都紧邻法石古渡头（江口码头），法石江口码头包含的文兴码头、美山码头（图 2-10），始建于宋代，处在江海交汇处，内航直达晋江内河，为宋元时期泉州城区与港区水陆转运的重要港口和商业码头，是古泉州港沿江的集群商业码头之一，是古泉州人进出海远洋通商的必经之地。

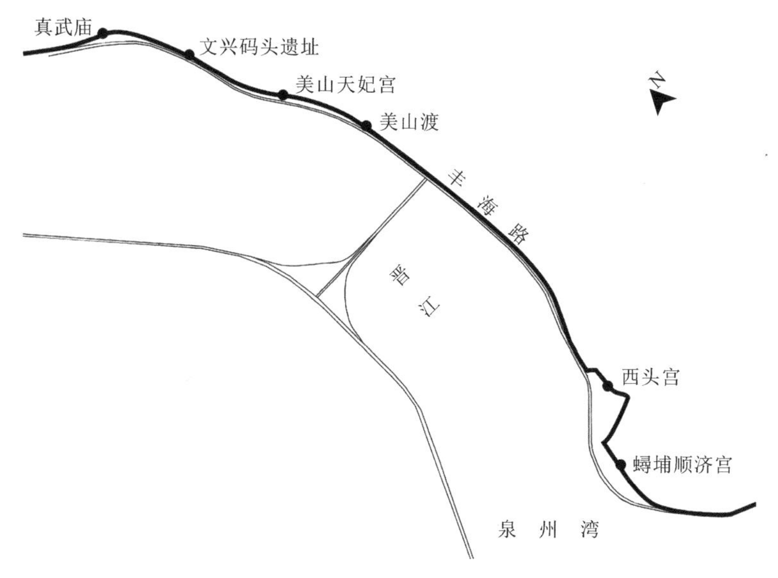

图 2-10　晋江边的四座海神庙，紧邻文兴码头与美山码头

从对泉州市妈祖宫庙选址分布的调研分析可以清晰地看到，26 座妈祖宫庙中多达 24 座紧邻水系，仅 2 座未紧邻水系，占比达 92.3%；24 座紧邻水系的妈祖宫庙中有 13 座更是邻近重要的港口和码头，占比达 54.2%，例如法石古渡头周围，就有包括真武庙、顺济宫、美山天妃宫等在内的 4 座妈祖宫庙。26 座妈祖宫庙中有 14 座占据城镇中心地带，占比 53.8%，侧面反映出妈祖宫庙在当地居民的日常生活活动中的重要地位（图 2-11）。

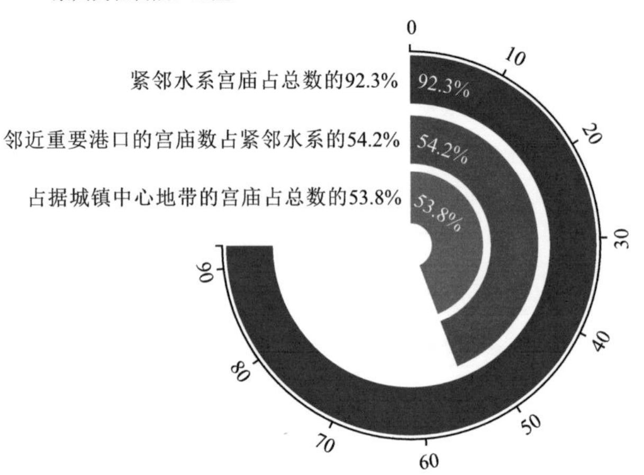

图 2–11　泉州市妈祖宫庙选址分布影响

厦门市的妈祖宫庙分布情况与泉州市类似，表 2–4 为厦门市主要妈祖宫庙选址分布。

厦门市主要妈祖宫庙选址分布　　　　表 2–4

序号	宫庙名称	紧邻水系	邻近港口码头	占据中心地带	信奉海神
1	何厝顺济宫	厦金海峡	五通港	—	妈祖
2	长兴宫	—	—	文塔市场	妈祖、吴真人（保生大帝）
3	仙乐宫	厦门西港水道	海天码头	仙岳社	妈祖、吴真人
4	濠沙宫	厦门岛西海岸	海天码头	东渡	妈祖、吴真人
5	神霄宫	—	—	蔡塘	妈祖、关帝爷
6	洞炫宫	—	—	乌石浦	妈祖
7	青龙宫	厦金海峡	五通码头	—	妈祖
8	朝天宫	厦门港水道	第一码头	故宫路	妈祖
9	福海宫	厦门港海道	—	曾厝垵	妈祖、吴真人
10	龙王宫	厦门港海道	—	龙王池	妈祖
11	朝宗宫	厦门港海道	沙坡后缀头	沙坡尾	妈祖

续表

序号	宫庙名称	紧邻水系	邻近港口码头	占据中心地带	信奉海神
12	锦园天后宫	集美后溪	—	—	妈祖
13	银同天后宫	同安东溪、西溪	古同安渡口	同安南门城楼	妈祖（黑脸妈祖）
14	文山天后宫	厦门港水道	嵩屿码头	—	妈祖
15	南山路妈祖宫	厦门岛西海岸	海天码头	东渡	妈祖
16	石坊巷妈祖宫	厦门港海道	轮渡码头	石坊巷	妈祖
17	青辰宫	—	—	安兜村	玄天上帝、妈祖、吴真人
18	林后青龙宫	浔江港水道	—	林后社	玄天上帝、妈祖、吴真人
19	瑶江大元殿	西溪	—	—	玄天上帝
20	水源宫	—	—	洪头村	水仙尊王
21	英灵殿	金门水道	小嶝岛渡口	—	苏王爷
22	昭惠宫	厦门港水道	第一码头	鹭江道	玄天上帝
23	湖里凤和宫	厦门岛西海岸	海天码头	东渡	妈祖、吴真人
24	薛厝龙兴宫	厦门岛西海岸	海天码头	东渡	妈祖、吴真人、蒂公祖（东岳帝王黄飞虎）、王祖（池府王爷）
25	西边社孚惠宫	厦门西港水道	海天码头	将军祠	吴真人、妈祖
26	西边社鹭峰堂	厦门港海道	—	曾厝垵	吴真人、妈祖
27	天上圣妈宫	厦门港海道	—	曾厝垵	妈祖
28	福寿宫	厦门港水道	第一码头	鹭江道	保生大帝、妈祖

从厦门市主要妈祖宫庙选址分布可以清晰地看到，由于厦门市本来就在四面环水的岛屿上，大多数妈祖宫庙不但紧邻水系，更是邻近重要的港口和码头，28 座妈祖宫庙，有 23 座紧邻水系，占比达 82.0%，这其中又有 16 座海神庙邻近港口码头，占紧邻水系宫庙数的 69.6%（图 2–12）。

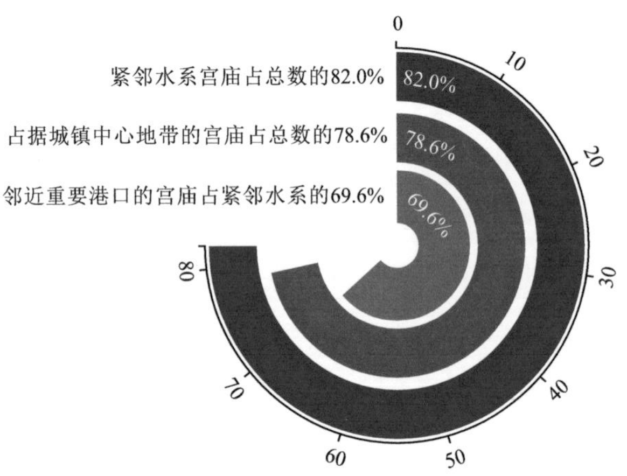

图 2–12　厦门市妈祖宫庙选址分布影响

例如厦门最出名的何厝顺济宫，其东面是一个海湾，可以停泊船只，赴台湾的商船都可在这里停留，北面是另一个更大的港湾，被称为“五通港”，历史上是厦门通往同安县与泉州港的主要渡口。厦门岛四面环海，居民对外交通都要通过水路，而何厝顺济宫位于厦门岛对外联系的枢纽，成为最早引入妈祖香火的宫庙。如今的何厝顺济宫依然静静地屹立在何厝村口，一面是渔船驻停的平静港口海湾，一面是高楼林立灯火通明的厦门市 CBD 的核心区域，历史与现代在这里完美的结合，诉说着曾经的辉煌（图 2–13、图 2–14）。

图 2–13　何厝顺济宫与对面的厦门 CBD 商业中心

图 2–14　何厝顺济宫南面的古港与对岸的金融中心交相辉映

综合泉州市和厦门市共计 54 座妈祖宫庙的分布来看，闽南妈祖宫庙的选址特点分明（图 2–15）。

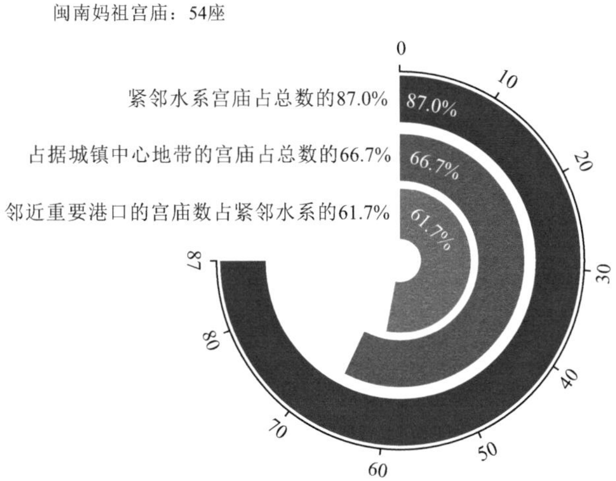
闽南妈祖宫庙：54座
紧邻水系宫庙占总数的87.0%
占据城镇中心地带的宫庙占总数的66.7%
邻近重要港口的宫庙数占紧邻水系的61.7%
87.0%
66.7%
61.7%
0
10
20
30
40
50
60
70
80
87

图 2-15　闽南妈祖宫庙选址分布影响

一是紧邻水系。田野调研的泉州市及厦门市共计 54 座妈祖宫庙中，有 47 座紧邻水系，占比达 87%，与水系产生突出关系。其余几处虽然未在水系边上，但也都在历史上靠近过水系。可见妈祖宫庙的选址布局与水系的关联密切。闽南地区妈祖信俗兴盛，相应的妈祖宫庙分布广泛。海港与妈祖信俗的传播有着密切联系，妈祖信俗的庇佑对象几乎都是从事与海洋产业有关的活动，自然离不开海洋，将妈祖宫庙建在江河湖海边也更方便祭祀。许多海洋商船出行前和回港时都要到妈祖宫庙烧香祭拜，因此将妈祖宫庙建在靠近水系的地方，更有利于妈祖信俗的传播和香客们的祭祀。所以妈祖宫庙的选址多紧邻水系，并且集中在航运或港市发达的地区。

二是邻近港口、码头。田野调研的泉州市及厦门市共 54 座妈祖宫庙中，47 座紧邻水系，这其中有 29 座邻近港口、码头，占比达 61.7%，可见与港口、码头关系密切。古代社会最为便捷重要的交通方式就是船运，水能到的地方就有城镇的出现。而商品经济的发展促进了海洋商贸，闽商尤其活跃，他们沿着水路，将妈祖文化传播到其他地区。在许多港口、码头都聚集着大量的海上商客，他们在每次出海前及回港后也都要对海神进行祭拜，因此靠近码头的便利因素成了闽南妈祖宫庙选址的考虑因素。闽南海商们还将对海神虔诚的信奉习俗带到全国其他的港口、码头，在当地也兴建起不少妈祖宫庙。

三是占据城镇中心地带。田野调研的泉州市及厦门市共54座妈祖宫庙中，有36座占据城镇中心地带，占比达66.7%，可见与城镇经济发展水平联系紧密。古代的重要城镇皆因水而兴业，这与发达的水路交通密不可分，闽南商人因海商贸易而获得利润，为感恩海神庇佑，总会不吝金银修建妈祖宫庙，越是级别高的妈祖宫庙越是位于港口城镇的中心区域，这里汇集了商人和百姓，香火旺盛，更方便进行海商和渔民们的祭神活动，也从侧面反映出海港城镇的繁荣。

闽南妈祖宫庙选址的建筑朝向主要受其建筑形成原因的影响。一般古代庙宇建筑多会采用坐北朝南的选址朝向，但妈祖宫庙却不同；因为闽南妈祖宫庙建筑用于祭拜海神，与水的关系较为密切，靠近大海，朝向则都向着港口码头的出海口，为出海打渔的人祈求平安以及返航时祭拜海神提供便利。而部分建于山地上的妈祖宫庙，其建筑轴线则会垂直于山体的等高线，其建筑形制与周边的地形地貌相关。从对泉州蟳埔村及惠安县的田野调查案例可以发现，惠安县东岭镇、小岞镇、净峰镇、山霞镇、张坂镇等不同镇的妈祖宫庙朝向均是朝向大海，面向港口码头的出海口，为出海归来的人们提供返航祭拜的便利，同时也是希望神明能面向大海，给海上作业的人们最直接的庇佑和心灵慰藉（图2–16）。

图2–16　闽南妈祖宫庙选址建筑朝向

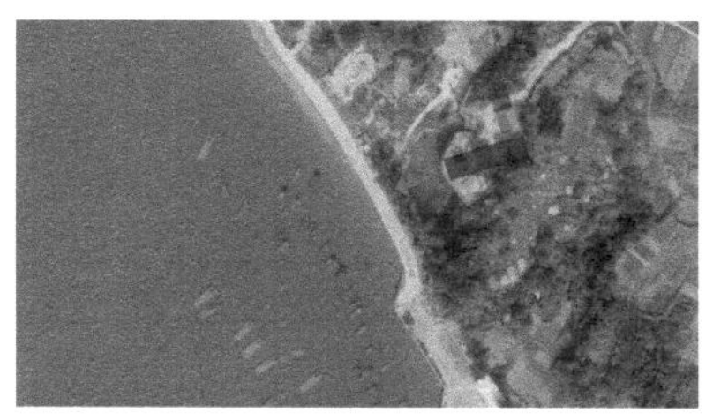

山霞龙江宫

张坂西宫妈祖宫

图 2-16　闽南妈祖宫庙选址建筑朝向（续）

2.2.2　闽南妈祖宫庙与闽南铺境空间

在闽南地区的田野调查中，经常听到当地村民提及“境主神”“境主庙”，这其实是闽南地区特有的民间信俗与居住小区的联系，而铺境[①]则是典型的闽南居住小区形式。它是明清时期以来以泉州为代表的闽南城乡居民居住的基本单元。

闽南铺境空间是不可多得的历史遗存，每个“境”内都有一座境庙，境庙内供奉一尊或多尊神灵，民间信俗这个无形的人文环境，也通过有形的境庙建筑被完整地保留下来。遍布城乡的种类繁多、具有浓郁地域色彩的地方性神灵是闽南民间文化的特色。以下从两个方向来说明闽南妈祖宫庙与闽南铺境空间的关系[②]。

一是境庙主神与闽南地域环境的关系。以泉州古城为例，有 30 铺 75 境，每一个境均有自己护境安民的保护神。这些神灵大部分属于民间信俗，来源广泛。反映了闽南民间信俗的发展过程中，自然地理条件和社会文化背景的决定性作用。在特定时期产生不同的民间信俗来源，继而产生出众多新的神灵。除妈祖以外，还有保生大帝、通远王、清水祖师、闽南开漳圣王、广惠尊王、广泽尊王、万氏妈、苏夫人姑、萧太傅等。

这些神灵绝大多数具有闽南独特的地域性，是闽南人文历史影响下的产物。这些境主神，除了几位官方认可的海神以外，大多数未列入祀典且不被官方祭祀

① 铺境一词，最早见于 1990 年陈成圣先生编写的《泉州旧城铺境稽略》。
② 陈力. 古城泉州的铺境空间：中国传统居住社区实例研究 [D]. 天津：天津大学，2009.

所认可；许多铺境庙除主祀神外，还有众多的配祀神，多神同祀的现象普遍，民众根据生活的需要来信奉神灵，并塑造神灵，具有强烈的世俗性和包容性。

闽南民间众神除了少数在更高层级的宫庙中，绝大部分是在各境的境庙中。每一个境内都有一位或多位神祇，他们被认为掌管着境内百姓的大小事宜，从生老病死到婚丧嫁娶，从工作仕途到经商求学，境内百姓都会到境庙内询问神明，求神明指点迷津。一般情况下，百姓确认主殿居中为尊的为主神，两侧的为配神，信众心中根据个人需求有所选择，显然作为地方保护神，境主神得到居民的频繁祭祀，与百姓关系最为密切。

二是包括妈祖在内的海神信俗与铺境空间的关系。作为妈祖信俗的承载空间，闽南妈祖宫庙与铺境空间关系紧密，这从许多铺境空间中的街巷名字就可以体现出来。例如在泉州西街老城区内，有许多以民间信俗的神祇名称命名的街道，并且这些街道名一直沿用至今，有些还是妈祖信俗带来的影响，反映了包括妈祖信俗在内的民间信俗对铺境空间产生的影响。

以海神宫庙的名称作为地名。例如泉州二郎境内的二郎巷，就是因为巷内有一座供奉水神“妙道真君”，即“二郎神”的小庙，因而得名。还有如泉州北隅盛贤铺彩华境内的平水庙巷，平水庙位于旧时泉州古城西北角小山之上，为泉州古城内的制高点之一，也是古代军营驻扎处，旧时每遇水患，泉州半城为泽国，只有城北几处小山为避水高地。唐代兴建开元寺，便选择在小山南坡修建供奉禹王的庙宇，借“夏禹治水”寄望其平定水患，取名“平水庙”，故庙前小巷被称作平水庙巷。此外，还有受历代皇帝赐额的海神“通远王”，其宫庙也与地名相关，例如因巷内有供奉海神通远王的昭惠庙，而得名昭惠境的泉州南隅胜得铺。

以神祇的名称作为地名。也有以海神的神名当作地名的情况出现，如上帝境，就是境内有上帝宫祀奉海神“玄天上帝”，故而得名。此类情况非常普遍。可见海神信俗作为闽南民间信俗的主要信俗，与铺境空间组织有着非常紧密的联系。同时泉州的铺境空间是一个集行政空间、生活空间、精神空间于一体的复合型居住小区形式，它与信俗空间紧密联系。

妈祖信俗影响聚落空间形态。美国的凯文·林奇在《城市形态》一书中有言，“只有人的活动才能改变聚落的形态，无论这些形态多复杂，都是人的动机所造成的”[①]。聚落的民俗事象反映一个城市的文化传统和文化底蕴，民间信俗对不同类型的人类社会组织、活动和意识都产生着重要的影响。民间信俗有着社会生活变迁的现实基础，闽南铺境空间正是民间信俗及其活动所造就的空间形态。

以惠安县惠东地区的妈祖信俗与聚落铺境空间关系为例。惠东人的信俗围绕着神、祖先和海上亡魂三个不同的范畴展开，除了妈祖，当地渔民内心有着自己的“万神殿谱系”，大到境主神小到房头神，各家各户还会供奉土地神、灶君、观音和妈祖等神明，由于惠东是典型的海洋型聚落，海洋活动是日常生活的主旋律，因此又以供奉海神妈祖最为常见[②]。但最为特别的就是惠东人表现出对头目公的崇拜信俗。当地渔民将海上打捞到的尸骸或者大鱼骨头掩埋起来，并且以示尊重和敬畏，建头目宫庙加以祭祀。在惠东海岸线一侧，经常能看见一座座狭小不知名的小庙，它们就是头目宫庙（图 2-17、图 2-18）。这些庙比一般宫庙简陋很多，面积也较小。尽管是为海上漂浮而来的尸体建造的，但却没有遭到歧视，惠东人相信，这是海上遇难者的亡魂能保佑人们出海安全和海上捕鱼获得丰收，将这些外来的尸骨识别为人客，尊奉所有的无名尸为人客官。所以，渔民们在海上遇到死难者尸体或网到人骨、鱼骨都会妥善保护，集中放置在头目宫内供奉祭拜。

从实地调研中可见，惠东有许多将祖先神与境主神妈祖一起供奉的情况，这些家庙和族庙的前身有些就是铺境主庙。同时，家族祖先也可被奉为铺境庙的境主神，或是祖先、境主神合祀，这也充分说明了铺境庙的宗族性。在惠东，常见的头目宫庙、各类境主庙、家庙族庙一并组成了闽南惠东丰富且庞大的铺境与海神信俗的组织系统，这些铺境宫庙的建筑形制便也开始影响着当地的聚落空间形态。可以说，包括惠东妈祖信俗在内的海神信俗与铺境空间的组织关系，是闽南铺境与闽南妈祖信俗关系的缩影和宝贵实例。

---

① 凯文·林奇：城市形态 [M]. 北京：华夏出版社，2001:27.
② 王铭铭 . 茶街庙：泉州城厢人文区位考察与研讨 [M]. 北京：民主与建设出版社，2020:153.

图 2-17 头目宫庙风貌

图 2-18 头目宫庙沿惠东海岸线分布

2.2.3 个案研究——泉州聚宝城南的宫庙空间分布

结合闽南妈祖宫庙的选址要素，以福建泉州城南的妈祖宫庙分布为例。从对泉州城南片区各宫庙、水系等的实地走访和分析中，可以发现泉州聚宝城南妈祖宫庙选址分布的特点，即水系与宫庙选址分布的突出关系，以及铺境体系下，自然、人、神、宫庙之间的共生联系，而这也是闽南妈祖宫庙选址布局的一个缩影。

1998 年，泉州侨乡开发协会对原泉州市城乡规划局制订的《泉州古城区控制性详细规划》建议中，提出泉州聚宝城南的定位：体现在宋元时代的海交文化，天后宫和南城楼为这一片区的主体。聚宝城南的保护区规划覆盖面广泛，但是，从如今的聚宝城南的遗迹来看，已经极少有能与古代海外贸易直接相关的变迁遗迹①。

聚宝城南的这个区域是古代泉州城商贸最为活跃、文化交流最为频繁的区域。聚宝城南在古代海洋贸易历史中扮演不可或缺的角色，泉州古城虽然距离海岸线有一段距离，但却因为有聚宝城南的存在而打开了通往海洋的道路，聚宝城南通过内河水系将海港后渚港与古城腹地相接，成了海港与腹地的枢纽②。

---

① 泉州侨乡开发协会 . 泉州古城调研管见 : 关于调整《泉州古城控规》的若干建议 [M]// 周焜民 . 泉州古城踏勘 . 厦门 : 厦门大学出版社，2007.

② 黄天柱，刘志诚 . 后渚港通往泉州古道的调查 [Z]//《泉州文史》编辑委员会 . 泉州文史 ,1980.

聚宝城南拥有发达的水系，其沿江区域是泉州港古渡集中的区域[①]，这里的港口连接内河和海运，既能提供内河运输也可以提供海运远洋。如今的聚宝城南沿江一带，依稀可见多处装载卸货的码头，古代泉州不仅是发达的海外贸易港口城市，还是地区中心城市，而聚宝城南则是这个中心城市的重要枢纽，肩负着腹地与海洋枢纽的重任。

如今的南门水系上仍旧分布着活跃的宫庙。如南门天后宫、万寿路的富美宫、后山四王府宫、聚宝街的黄帝宫及青龙巷的青龙宫等。从富美宫、黄帝宫、青龙宫、后山四王府宫等几座宫庙来看，这些宫庙都对应着当地的铺境区域，成为各自铺境内的境庙神，并且神明类型丰富，存在合祀、主祀、配祀的现象（表 2–5）。单独看这些境庙敬奉的神灵似乎关联性不大，但如果放在整个城南范围内来看，他们又存在着有迹可循的关系。这些境庙的神灵往往都是从别的母庙分香而来，因此很多都可以追溯到其地方母庙[②]。

聚宝城南主要宫庙的主祀神与配祀神　　表 2–5

始建时间	宫庙名称	现主祀神	配祀神
南宋庆元二年（1196 年）	天后宫	妈祖、哪吒太子、广泽尊王	二十四司
南宋建炎三年（1129 年）	青龙宫	吴夲（保生大帝）	慈济宫三十六官将、班头爷、福德正神（土地公）
不详	黄帝宫	黄帝（文昌帝）	中央帝、康元帅、水德星君、福德正神（土地公）等
明朝正德年间（1506—1521 年）	富美宫	萧太傅	廿四司、文武尊王等王爷等
清朝光绪年间（1871—1908 年）	后山四王府宫	康保裔、王公辅、李大亮、周铭中	圣母妈、魏大帝、土地公、唆啰嗹、班头公、渡头公等
始建年不详，清道光六年（1826 年）重建	鳌旋宫	观音菩萨	龙女、关公、善财、韦陀、地藏菩萨

① 王铭铭，罗兰，孙静. 聚宝城南："闽南文化生态园"人文区位学考察 [J]. 民俗研究，2016（3）:26-52,158.

② 吴藻汀.《泉州民间传说》1985 年版，第 85 页.

事实上，聚宝城南的宫庙与所在区域中与水系有关的标准化大庙天后宫有着密切的关系[①]。位于聚宝街之北的天后宫，素来被认为是海内外建筑规格最高、规模最大的祭祀妈祖的庙宇，其重要性不言而喻。

天后宫的选址也与水系关系密切（图 2–19、图 2–20）。天后宫门口的介绍牌提到“天后宫地处笋江、巽水二流之汇，番舶客航汇聚之地”。巽水指新门街、涂门街外围的护城河八卦沟，笋江则指引入天水淮的晋江支流，这两条水道交汇应是德济门遗址附近的区域（图 2–21）。

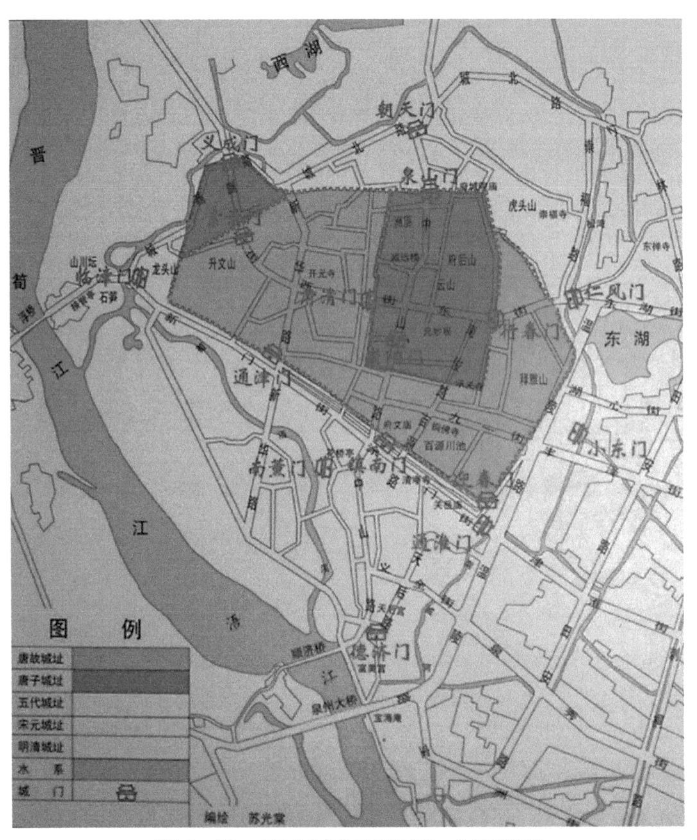

图 2–19　聚宝城南天后宫与水系关系

① 黄炳元．天后宫规制与建筑艺术 [M]// 泉州闽台关系史博物馆．泉州天后宫．出版地不详：出版社不详，1990:14.

图 2-20　天后宫区域的主要水系

除了天后宫，聚宝城南的其他宫庙也与水系联系紧密。从《清末富美宫环境示意图》[①] 可以发现在聚宝城南一带有“海关渡口”“观音渡头”，海关渡口边的竹树港巷是货运集散地。天水淮中段的鳌旋宫，也有镇水尾的功能，这条水脉即为鳌江。而现在富美宫、后山宫依旧能清晰地看到它们紧邻水系，即便渡口不再发挥功能，但境庙依然活跃，香火依然旺盛。

① 泉郡富美宫董事会，泉州市区道教文化研究会．泉郡富美宫志 [M]. 出版地不详：出版社不详，1997:123.

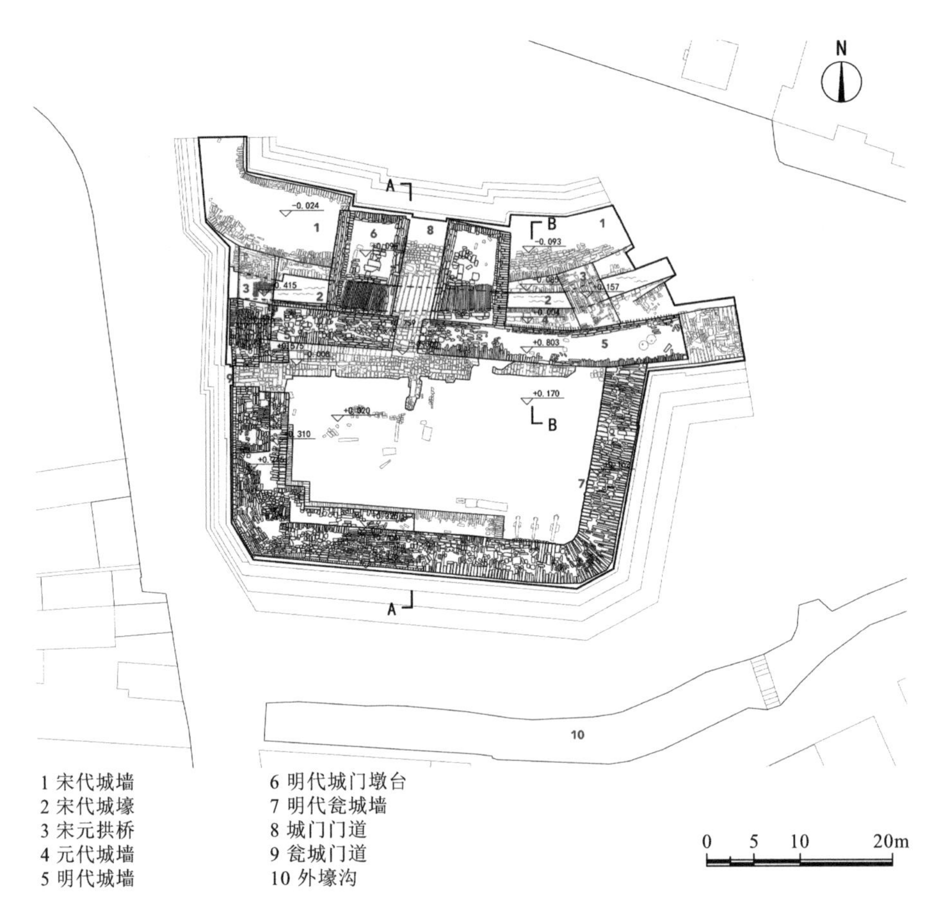

图 2-21　聚宝城南天后宫门前德济门遗址总平面图

聚宝城南主要宫庙与水系的关系　　**表 2-6**

始建时间	宫庙名称	与水系的关系
南宋庆元二年（1196 年）	天后宫	笋江、巽水二流之汇，番舶客航汇聚之地
南宋建炎三年（1129 年）	青龙宫	龙须澳的传说，紧挨青龙巷河道，陆地与海洋亲和关系的印证
不详	黄帝宫	配祀的康王爷和水德星君与泉州水岸信俗圈息息相关
明朝正德年间（1506—1521 年）	富美宫	城外壕沟天水淮，富美古渡，古代泉州海外交通的重要渡头。连接内地与出海贸易货物集散重地

续表

始建时间	宫庙名称	与水系的关系
清朝光绪年间（1871—1908 年）	后山四王府宫	观音渡口，仍有水普活动（沿水道举行的祀鬼活动）
始建年不详，清道光六年（1826 年）重建	鳌旋宫	镇住水脉，保护乡民免受水害

由表 2-6 可见，以聚宝城南的妈祖宫庙天后宫为区位宇宙秩序中心的诸宫庙，都与水系存在着紧密联系（图 2-22、图 2-23），它们中的配祀神也大多与水神、海神有着关联。这个区域是水系发达的区域，居民与水共生，水既能带来财富也能带来危险，泉州自古“以海为田”，先天自然条件导致农耕土地不足，使得当地人们只能转向水中讨生活。但水具有双面性的特质，给人们带来益处的同时，水患或是通过水系传播疾病的事件，在历史上也时有发生。因此聚宝城南的宫庙所祀神明的使命除了保境安民外，更要能护佑水路交通及禳除与水相关的灾祸。除了固有的海神以外，地方庙祀奉的地方神明普遍具有护佑与驱邪禳灾的双重能力，所以把其放在水系附近供奉，从地理空间和民族生态学的角度上都具有重要意义。

图 2-22　城南天后宫前明代城墙

图 2-23　城门遗址及宋代壕沟

第 3 章

闽南妈祖宫庙建筑与信俗行为

本章对闽南妈祖信俗仪式行为对宫庙建筑环境营造产生的影响展开研究。主要从妈祖信俗仪式对空间的影响以及妈祖信俗与聚落日常的关系两方面入手。妈祖信俗仪式对空间的影响包括仪式活动与信俗空间的关系、仪式引导空间位序以及仪式内容与平面布局。以蟳埔村妈祖巡境及银同天后宫农历十五敬神活动为例分别进行研究，以此说明聚落空间与建筑空间层面与妈祖信俗仪式紧密相连且相互影响；另外，通过调研发现大量妈祖信俗与交通空间、生产生活空间、商业产业空间及娱乐空间存在联系，进一步证实了妈祖信俗与聚落日常的密切关联。

3.1　闽南妈祖信俗仪式与信俗空间

3.1.1　妈祖信俗仪式行为类型

妈祖信俗的形式多种多样，自宋代以后，妈祖祭祀形式大致可以分为庙祭、郊祭、海祭、舟祭、家祭五种形式。区分方式主要是从祭祀的场所上，如在妈祖宫庙内祭祀，在城郊市郊设立祭坛，或是在海边面对大海祈福，抑或在船上供奉妈祖和在家中设坛供奉妈祖。

妈祖信俗中最为重要的便是妈祖诞辰和羽化升天之日，每逢此时各地的妈祖宫庙都要举行隆重的祭典。通过对历史资料的整理和民俗祭仪的记录，1994 年编制了《湄洲妈祖祭典》，并对祭典乐舞不断进行艺术加工，使得祭典艺术观赏更完美结合。本书选取了闽南地区妈祖诞辰和羽化升天、妈祖巡游三种妈祖信俗仪式行为，辅以对当地香客及村民的访谈实录，梳理出部分闽南地区的妈祖信俗仪式行为。

妈祖神诞：每年的农历三月二十三日为“妈祖神诞”，农历九月初九为妈祖飞升纪念日，分别是传统的妈祖庙举行春祭和秋祭的日子，妈祖庙在此日一般都会举行祭典、踩街、献戏等活动，一般还有献舞、献祭品和海产放生仪式。庄严又浪漫的海祭，生动展现了妈祖海神的身份，体现了出海人对献身大海的崇敬，直至今日，妈祖海祭依然是渔家人祭祀妈祖的重要仪式。

漳州市南靖县默林镇的天后宫，每年的妈祖诞辰都要举行盛大的妈祖祭祀民俗活动。默林是著名的土楼之乡，地处南靖县偏远山区，之所以有天后宫，是因为许多本地人远渡重洋到海外谋生，为表思念，在乡的家人就将妈祖请回当地，并建天后宫敬奉妈祖，以求妈祖保佑在外谋生的亲人平安顺利。默林天后宫始建于清康熙十年（1671 年），妈祖诞辰日的祭祀民俗活动，从农历三月二十一日就开始了，全村家家户户杀鸡鸭、做糍粑、买贡品，到农历三月二十三日，人们就到天后宫参加隆重的祭祀活动。精彩的“妈祖过海”则成了祭祀民俗活动中最为独特的风景线（图 3–1），当地人称为“走水”。仪式开始前，岸边就已经围满了观众，几名壮汉抬着妈祖的神轿朝河里奔去，而河中央已经有数十位打扮成虾兵蟹将模样的村民等着轿辇经过，不断用水泼向轿子，同时不断阻挡其前进的道路，抬轿者需要勇往直前，突出重围，最终奔向天后宫。场面壮观，每年都吸引大批信众，包括我国香港、澳门、台湾地区，以及印度尼西亚、泰国等地的信众。

图 3-1　福建漳州南靖县默林“妈祖过海”

妈祖巡游：妈祖诞辰日和羽化升天日的祭祀民俗活动中，最重要的部分就是妈祖巡游。比如农历三月二十三日妈祖诞辰日，往往要举行绕境巡游。

巡境，又叫绕境、出巡、巡安，就是抬着乘坐轿辇的神像在村舍辖域内按照一定路线巡游，是乡民们的大型民俗活动。在闽南民间信俗中，每一位神明都有各自“管辖”的范围，比如一个村落或乡镇，民间称之为“境”。因此，“绕境巡游”是民间信俗主神彰显自己神职功能的一个重要仪式，也是信众敬祀神明的一种情感表达。

泉州市泉港区沙格村的妈祖巡游则较为特别。妈祖巡境赛龙舟从每年的农历四月初一到农历五月初五，历时一个多月，是沙格村的“狂欢节”。沙格村的赛龙舟已有 600 多年的历史，每年端午节在沙格村的港湾海面上举行，赛程两天，有六支队伍参加。赛龙舟一般都是在江河上举行，可沙格村的龙舟赛是少见的海上赛龙舟（图 3-2）。

在端午节赛龙舟拜妈祖的同时，沙格村王姓人家还有一项重要的祭祖活动，即到“忠孝社”敬拜王忠孝。王忠孝为泉州沙格村人，郑成功起兵后，其投奔郑氏，为军政大师出谋划策，备受推崇，在抗清复台中，出力甚多。农历四月初一，是郑成功收复台湾、登上台湾的日子，每年的这一天，村民到村里的妈祖庙灵慈宫祭拜妈祖，恳请妈祖派土地公到台湾敬请王忠孝魂归故里，以实现他“眷顾魂归”的遗嘱。沙格村的妈祖民俗文化通过端午节的赛龙舟、祭屈原、拜妈祖、敬祖宗，既体现了沙格村村民对妈祖的虔诚，又展现了其深深的爱国情怀。

图 3-2　福建泉州沙格村灵慈宫组织海上龙舟赛

妈祖巡境的区域范围一般只限本境内，各境之间通过迎神绕境，划定各自境主神的管辖范围，同时向境外神表示其境内人民及财产不得侵犯。这些信俗活动充分表达了民众希望借助神灵力量驱邪保平安的愿望，成为当地民众的精神支柱，并且在传承文化传统、维系社会秩序等方面起着重要作用。

3.1.2　妈祖信俗仪式对空间的影响

妈祖信俗仪式活动和建筑空间的相互关系，可以从聚落空间与建筑空间两个层面展开研究。

首先是聚落空间层面。汉学人类学者桑高仁认为，地域崇拜仪式“使得小区成员作为一个整体聚集和行动。所以，虽然地域崇拜的祭坛和庙宇充当了仪式小区的永久象征，但是构成地域崇拜的不是祭坛和庙宇，而是仪式"[①]。这种诠释是认可了仪式对空间的决定性作用。

妈祖信俗仪式对空间起决定性作用。闽南的妈祖巡境仪式体现了妈祖信俗仪式对社会空间边界与区域的影响。妈祖巡境不仅是一项庆祝活动，还是对各自铺境边界进行确认的行为。仪仗队伍抬着妈祖神像巡游（图 3–3），巡游路线为所在铺境的范围（图 3–4、图 3–5），因为妈祖往往是整个铺境的主神，因此在巡游的过程中，不会太拘泥细微的境和界的区分。过去有的小境主庙的巡境活动，会在不同镜之间的分界点都系上区分界限的标记物，曾经的巡境活动，往往很讲究各自境的边界，巡境的路线就是各自境主神管辖的范围，周而复始，仪式中创造出一种各铺境相对独立的地方性时空[②]。但如今的妈祖巡境已经扩大了范围，往往是一整个片区的狂欢。闽南妈祖信俗的巡境仪式不同于行政边界的认识，它是一种利用民间信俗仪式活动所营造的宇宙时空边界的认同感。

图 3–3　泉州蟳埔村"妈祖巡游"活动

① SANGREN P STEVEN.History and Magical Power in a Chinese Community[M]. Stanford:Stanford University Press,1987:55.

② 郑振满，陈春生．民间信仰与社会空间 [M]. 福建：福建人民出版社，2003:3.

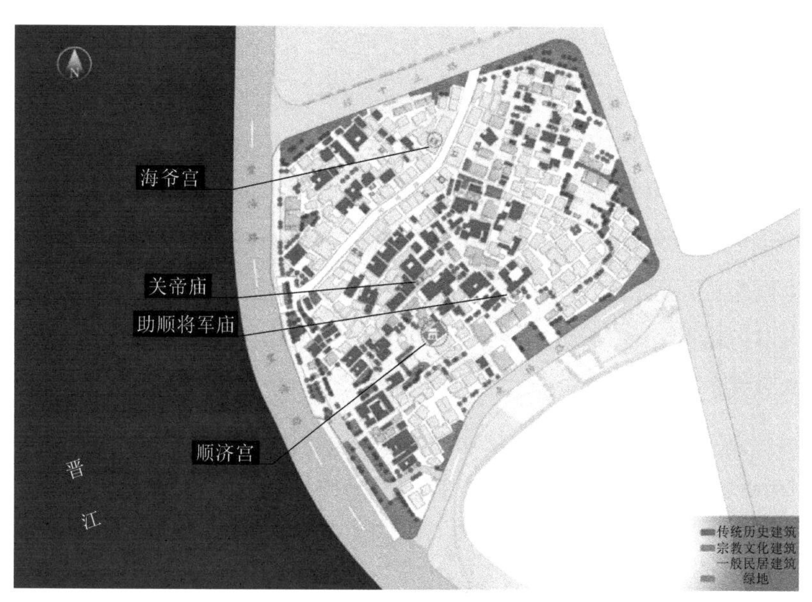

图 3-4　泉州蟳埔村平面布局图

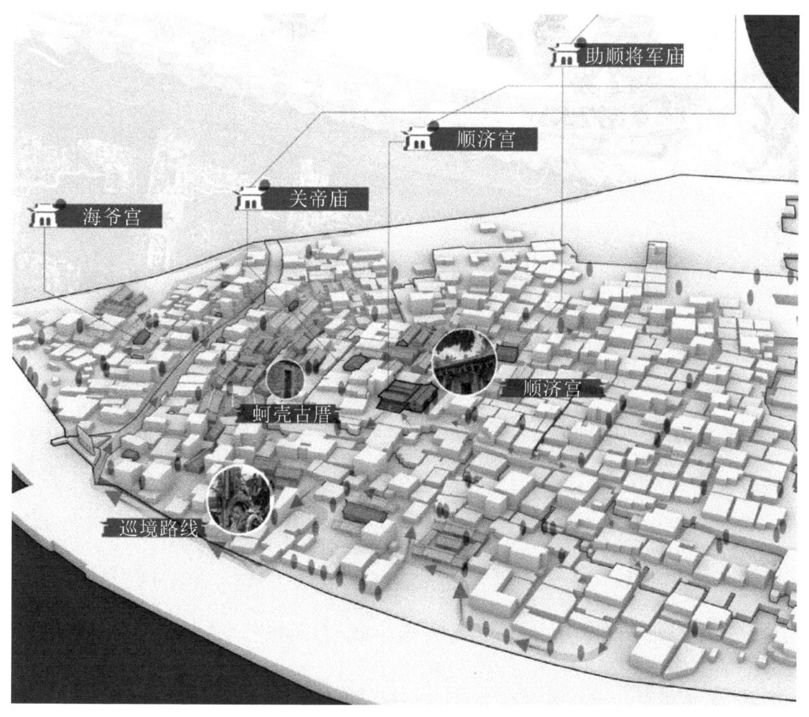

图 3-5　泉州蟳埔村“妈祖巡游”巡境路线示意图及宫庙位置示意图

考察发现，妈祖巡境是我国传统自然观念“人神共居”的典型之一，整个小区的庆典中，无论男女老少每一个人都参与其中，万人空巷，营造了人神共庆的喜悦氛围和和谐景象。巡境的过程也是对地域界限的确定，这个界限不同于行政划分的界限，而是借助民间信俗仪式行为，即妈祖巡境这样庆神的力量去加以界定。在这个巡境的过程中，蟳埔村作为闽南传统渔村，其铺境空间也在巡境的过程中有了更加明确的空间划分，形成了以顺济宫为核心，以共同的妈祖信俗为依托，以蟳埔村的铺境为骨架，以妈祖巡境的仪式行为为方式的社区空间单元。

只有特定场所的体验，才能带给人们对空间的记忆。这个体验就是行为对于空间载体的意义，空间因人的行为有了内涵。在妈祖信俗仪式中，妈祖巡境的仪式，背后其实是信俗仪式与小区聚落的历史、传统、文化、居民感情之间的紧密联系。对于小区聚落内的居民而言，妈祖宫庙不仅是祭祀场所，更是聚落的核心组织与认同象征。同时，正是有了妈祖信俗及其仪式活动，才造就了闽南小区聚落的铺境空间。

从妈祖巡境可以看出妈祖信俗是闽南小区社会空间形成的一个重要因素，民间信俗仪式凝聚了小区、提升了小区群体的组织力，共同的精神信俗加强了小区居民的相互认同。巡境仪式增强了铺境空间的吸引力，增加了居民日常交往的机会；妈祖信俗无形的人文环境，也通过有形的宫庙建筑被完整地保留下来，且与居住小区紧密联系并得到发展，成为不可多得的独特的闽南人文景观。

除了从聚落空间层面上可以证明妈祖信俗仪式活动与空间的相互关系外，在建筑空间层面也一样。很多学者认为空间是可以划分为人界空间与神圣空间的，黄庆声在《家庙祭祀行为与建筑空间关系初探：以台中市家庙为例》提出源于日常生活领域的儒家伦理的“位序观念”，反映在传统住宅的祭祀空间中[①]。在不同的信俗空间中，空间类型也有不同的意义。可以从仪式引导的空间位序和仪式内容与平面布局的关系两个方向进行阐述。

① 黄庆声.家庙祭祀行为与建筑空间关系初探:以台中市家庙为例[M].[出版地不详]:[出版社不详],[出版年不详]:249.

仪式引导的空间位序。按照祭祀仪式的不同，“人神互通”的神圣之所被奉为了不同的空间层次。中国传统建筑深受“位序”观念的影响，同时仪式活动讲究位序观念，所以妈祖宫庙内举行的仪式活动也讲究位序，并且直接影响着宫庙的室内空间格局。闽南妈祖宫庙大多采用三川殿—天井（或拜亭）—主殿的空间序列和空间组合方式，在三川殿与主殿之间以拜亭（或院落）相连，中轴线集中了宫庙的主要功能，同时仪式行为也在此中轴线完成。拜亭（或院落）空间通常作为缓冲空间，空间中轴线的明暗更替在此完成，室内室外组成的虚实变化，增强了空间的次序感；通常拜亭（或院落）空间位于中轴线的中心位置，可以更好地强化轴线空间的秩序性。妈祖信俗仪式流程所引导的人流动线与主殿拜堂空间的轴线相互重合。祭祀过程中除了信众行为具有位序观念外，神明龛位也有很强的位序观念，有明显的尊卑之别，以并列中间为尊，两侧按左尊右卑的顺序依次排列。

仪式内容与平面布局的关系。以厦门同安区银同天后宫为例加以说明（图 3-6）。银同天后宫为较少见的三殿式布局，采用三川殿—天井—主殿—天井—后殿的空间布局和结构，通过两个院落天井来连接三川殿、主殿和后殿三个主要空间。三川殿和主殿之间有一个较大的院落天井，院落四周屋檐围合出了方形的天空，中间设有香炉，作为缓冲仪式准备的空间；祭祀仪式开始时，信众可在此处进行点香和遥拜，随后进入主要祭祀的主殿空间，空间呈现明暗变化；主殿空间宽敞，朝向院落开敞，满足采光通风需求，主殿内设有黑面妈祖神龛，神龛精雕细琢光彩夺目，在主殿的两侧设有厢廊，从东侧厢廊进入后殿，主殿与后殿之间有一个小的天井相连，满足后殿的采光通风需求。后殿的中间供奉妈祖的父母，左神位供奉福德正神，右神位供奉注生娘娘。按照神位的位序观念，最后祭拜完右神位后从西侧厢廊离开，完成祭拜仪式。

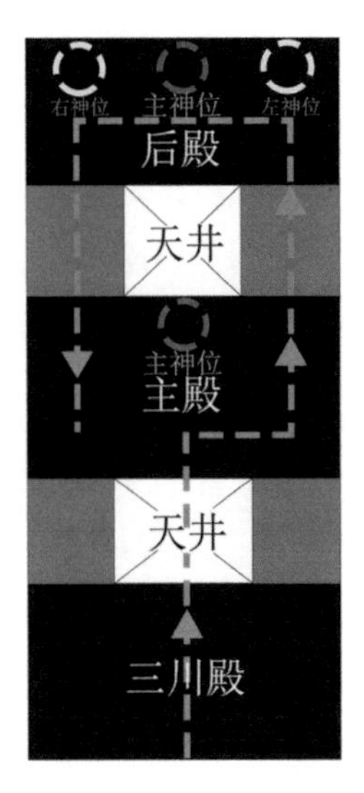

银同妈祖宫平面布局仪式动线简图

银同妈祖宫主殿

银同妈祖宫

图 3-6　银同妈祖宫仪式动线图及殿内空间

每年农历正月十五是银同天后宫最为热闹的日子之一。当天，众多香客前来祭拜，主殿的神龛前摆满了各类精美的祭品，鲜花拥簇，祭品被恭恭敬敬地摆放在精致的祭盘上，包括天井、主殿、后殿等“神圣空间”的祭品祭器都进行了细致的准备和会场布置，在这个时候的主殿区可以说是人神交界处，成为整个妈祖宫庙的中心点（图 3-7）。对祭祀活动的精心准备，也体现了闽南人对待神明的虔诚，整个空间的祭祀氛围并不会显得过于庄重压抑，相反有人神共庆的喜悦之感。

图 3-7　银同妈祖宫农历十五祭神现场

闽南妈祖宫庙建筑是妈祖信俗的物质表现，为妈祖信俗仪式行为提供了承载空间，妈祖信俗仪式行为与妈祖宫庙建筑相互影响，妈祖信俗仪式行为包含了对区域空间边界和宫庙建筑内部空间的影响。通过银同天后宫的农历十五敬神信俗活动，对仪式引导空间位序以及仪式内容与平面布局的关系两方面加以说明，从建筑空间层面证明妈祖信俗仪式活动与建筑空间的相互关系。

3.2　闽南妈祖信俗与聚落日常

闽南妈祖信俗活动具有分散化、日常化和非正式性的特征，一方面，在闽南沿海，妈祖信俗活动和文化非常普遍，贯穿于聚落生产生活的方方面面；另一方面，妈祖信俗活动的形式不同于制度性宗教高度仪式化的供奉和祭祀活动，而是与聚落日常的生产生活活动紧密结合一起。闽南妈祖信俗所需空间具有很强的地域特性，灵活多变、类型丰富，和聚落中的建筑和空间相伴而生。这一点不仅体现在民居建筑中对信俗空间的营造，也更多体现在公共性的生活空间，这类公共性的生活空间与妈祖信俗结合紧密。

3.2.1 妈祖信俗空间与交通空间

闽南妈祖宫庙建筑与日常生活联系极为紧密。人们将宫庙建于交通便捷、人流密集的位置，有利于增进与世俗活动之间的联系。

一般规模较大、地位较重要的宫庙，大多邻近聚落村口、主要道路交会处、水陆交通交会处等重要节点；而规模较小、级别较低的宫庙，也多沿道路设置，或是在村落中较为中心的地点，以保持与日常生活持续性的接触。村落入口往往是重要的交通节点，公共活动频繁。因此，在村落的入口处设置宫庙空间成为非常自然的做法。比较常见的是与城门相结合，充分利用聚落入口作为交通节点汇聚人流的功能，在聚落入口形成规模较大的宫庙空间，进一步强化入口空间的标志性。

例如泉州南门天后宫与德济门遗址的关系。德济门遗址是一座宋、元、明三代宏大完整的城门地基。德济门城垣基础与天后宫遥相呼应，德济门作为泉州城南的重要分界，见证了城南由城外变为城内的过程，这个元代泉州重要的交通枢纽，南城门德济门作为交通节点汇聚了人流，形成规模较大的民间信俗建筑群体。这个宫庙建筑群体中除了天后宫，与城门关系紧密的宫庙还有天王宫。天王宫坐落于德济门下，其与德济门及周边的水系有着紧密关系（图 3-8）。可见，无论是作为交通交会处的城门还是货运发达的河道，信俗空间与交通空间都有紧密的联系。

建造于道路之中的过街亭、过街楼往往也兼具信俗空间的功能。过街楼、亭在保持街道交通功能连续性的同时，也提示街道空间中公共性节点的位置，可以建于道路交会处，也可以建于祠堂、庙宇或邻近处，还可以是在已具有信俗功能的建筑节点。但妈祖宫庙较少采用这类的过街楼、亭。沿海一带妈祖宫庙的分布格局特点较为鲜明，因为妈祖宫庙往往接近水系，其建庙目的是希望仰仗海神的庇佑，求得海河航运的平安顺利。许多有水系的地方都会有另一类重要的交通空间类型——桥梁的存在。

图 3-8　泉州德济门遗址与宋代壕沟水系

桥梁在水系众多的区域有着无可替代的交通功能。闽南临海，区域内水系众多，因此通过桥梁的交通活动也较多。在带有廊道的廊桥，不仅具有遮蔽的功能，部分廊桥还供奉有神像，桥梁内供奉的神像早期以与水相关的神灵为主，如龙王、妈祖等，有镇压水患、祈求桥梁平安之意。但如今已从单一的海神转向多神合祀的方向发展，一方面体现了民间信俗随意性较强的特点，另一方面也说明桥梁作为重要交通节点在容纳信俗类活动方面所具有的重要作用（图 3-9）。

图 3-9　桥下空间庙——台北万华福德宫

有些桥梁的桥头两侧会设有宫庙，例如在泉州洛阳桥北，有一座和妈祖宫庙神职一样的昭惠庙，供奉海神通远王李元博（图 3–10）。北宋中期，泉州成为繁华大港口，洛阳江则成了泉州城向北发展的阻碍，随着洛阳桥的建立，洛阳江变成了旅客南来北往的海上交通要道，昭惠庙便在这里发展壮大，与洛阳桥一起经历了 1000 多年的风雨（图 3–11）。体现了桥梁与海神信俗宫庙的关联性。

图 3–10　泉州昭惠庙

图 3–11　泉州昭惠庙附近的千年洛阳古桥

海上交通工具也会供奉神明。如船上空间庙（图 3–12），与厦门、泉州等地的送王船以祈求王爷用船将瘟疫送走不同，船庙的形式是为了保佑渔民海上航行顺利平安、渔业丰收。另一种形式是将王爷的座驾王船由渔船拉着出海游江，游江后并不烧毁，而是放置在庙旁平日供人祭祀。还有的如远洋出海的船只，船上也会放一尊神明的神像，笔者在对厦门华旭达海运有限公司的访谈中得知，闽南地区大多数的远洋船只会在船上设神龛祭拜，例如该公司从鲅鱼圈出发至泉州港的“华旭达 27 号”集装箱船的驾驶舱内就设置有供奉神像的神龛（图 3–13 ~ 图 3–15），由于场地有限，无具体的神灵塑像，但都用红纸写上了名号，包括海神天上圣母、开闽尊王、观音菩萨、蔡府王爷、三元帅公。除妈祖主神外，其余的神明则是根据船队来自不同铺境所敬拜的不同境主神供奉。船队通常在离泊前后点香祭拜，以后每天早上都要再点香祭拜。负责祭拜的一般是船长或者本地出身的高级别船员。

图 3-12　船上空间庙：基隆和平岛三府王爷社灵庙

图 3-13　厦门“华旭达 27 号”集装箱船神龛

图 3-14　厦门“华旭达 27 号”集装箱船驾驶舱内神龛所在位置

图 3-15　厦门华旭达海运有限公司“华旭达 27 号”集装箱船全景

3.2.2 妈祖信俗空间与生活空间

妈祖信俗与日常生活空间结合最紧密的就是居住空间，这在传统时期的乡土聚落中普遍存在。无论是祖先宗族崇拜还是形形色色的民间信俗，都在民居空间中占据了一席之地，并在一定程度上影响着民居建筑的空间组织、营造体系及装饰艺术，作为民间信俗的妈祖信俗也与生活空间有着非常密切的联系。

民间信俗的精神中心要素在建筑要素中则表现得清晰和明确。神龛这种形式在很多信俗中都有不同形式的存在，其精神中心的意义不仅体现在宫庙、教堂等建筑中，在民居建筑中也占据重要的位置，供奉和祭祀神灵的神龛，是居住建筑中最为常见的展示信俗活动和信俗文化的方式。神龛对空间尺度和营建成本的要求都很低，因此具有广泛性，常见的有与民间信俗相关的天地神龛、土地堂等。

神龛的位置，常因供奉神灵的类型和地域信俗差异，呈现出多样化的面貌。制度性宗教的神龛往往位置隐秘，显示出制度性宗教信俗相对严肃和正规化的特征，而民间信俗的神龛特别是与天地崇拜、土地崇拜有关的极为普遍，因此也更为世俗化，这类神龛往往位于民居中较为醒目的位置，多与民居中主要活动空间相结合设置。例如在福建省泉州市惠安县獭窟镇调研时就发现，獭窟镇的家家户户都摆放神龛，并且往往有多座神像，神龛的位置设置在主厅的位置居多，且常常是多神合祀。但一定都会有一尊妈祖神像，当地渔民在进行造船、出海捕鱼等活动时都必会求妈祖庇佑，甚至在出海渔船的船舱内，也都会放置海神妈祖的神像。

在闽南的许多渔村中，妈祖的塑像频繁出现在祖厝和家庭的祭祀体系中，笔者在惠安小岞岛的村落中调查时发现，铺境庙祀神是有宗族性特征的。村落里有非常多的家庙、祖庙，基本都会配祀妈祖（图3–16、图3–17）。在中国传统社会中，祭祖和拜神是中国民间社会最重要的两种祭祀仪式，具有强大的精神力量。福建闽南地区因长期受移民文化的影响，有较强烈的宗族意识。宗族血缘成为闽南社会中最重要的联系纽带，因此闽南的村落布局上都会强调家庙、祖庙所具有的重要地位。特别是最为重要的宗祠，或位于聚落道路的枢纽，或位于地势的高处，并结合广场等形成聚落中重要的公共活动场所。这是以信俗空间为中心，在建筑或建筑群中强化信俗的精神意义和象征意义。

图 3-16　泉州市惠安县小岞岛村落中的宗祠

图 3-17　小岞岛村落中的宗祠内部

除了在闽南传统的村落中分布着各种与生活空间紧密相连的宫庙，在现代的社会生活空间，依然存在着许多妈祖信俗空间，它们为数众多，大隐于市，一些妈祖庙在其周边日渐变化的都市环境下不断收缩，收缩到只占据最极限的城市空间，在都市化进程中留下的剩余空间融合并嵌入市民的日常生活中（图 3-18、图 3-19）。这些妈祖庙本身具备的独特性与神圣不可侵犯的特征，使得它们得以保存下来，成为当地民众生活空间的一部分。

闽南妈祖宫庙还具有世俗化的痕迹，即便是在现代的社会生活空间中也依然保有这样的特色。各类柴米油盐、衣食住行的生活气息充斥在妈祖信俗的宫庙中，许是供桌上的贡品，或是香炉的香，再或是街头巷尾的邻里互动，这在闽南地区尤其明显，闽南的宫庙，非常自然地呈现着庄严与日常世俗的混合。表面上看，现代城市环境中的宫庙建筑本身，似乎与都市环境格格不入，但在日常使用上又显得很自然，妈祖庙屋顶上精美绝伦、繁复无比的装饰，加装了太阳能，香客必用的金炉加装了空气净化设备，宫庙的厢房或是廊殿里放置着管理员的泡茶桌和附近老一辈香客们的麻将桌，各种日常生活元素充斥在妈祖宫庙里，与稀松平常的生活空间一样，毫无违和感。

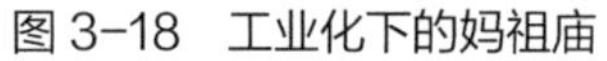
图 3-18　工业化下的妈祖庙

图 3-19　菜市场中的东石萧下天后宫

现代都市化环境中，不再因为人类聚落而形成，反而因为城市各项基础设施的建设而形成，闽南的城市也不例外。在闽南的现代城市中，栖息着大量的妈祖宫庙。根据走访调研发现，现代都市中的妈祖宫庙大致可以根据其在城市中存在的方式分为两种类型（图 3–20）：①自然宿主类，即宫庙本身栖息于自然元素中，或是深山中或是水域边，如水中庙、河岸庙等。②人造宿主类，即将宫庙设置在建筑物内、搭建在建筑或基础工程构造外，如直接搭建在骑楼中、露台上、屋顶、河堤旁、交通道路边等；还有的宫庙是直接设在交通工具上，如船上庙等。这种多样化的空间组合形式，是妈祖宫庙在城市现代化进程发展中的一种妥协，更是一种进化，反映了妈祖信俗生生不息的活力，更是其在百姓生活中不可或缺的重要地位的有力证明[①]。

① 赖伯威．寄生之庙 [M]. 台北：野人文化出版社 ,2020:21.

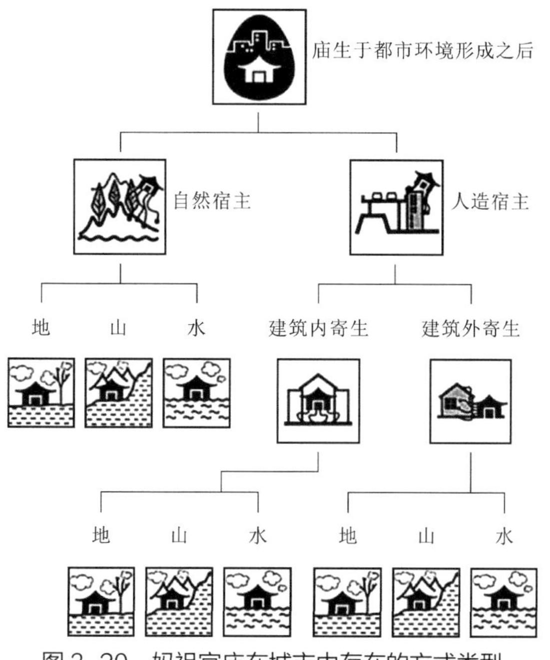

图 3-20　妈祖宫庙在城市中存在的方式类型

3.2.3　妈祖信俗空间与产业空间

在民间信俗类建筑中，时常与其他类型公共建筑的功能具有关联性和重叠性，即通过较高的功能复合化程度来满足有限的空间和多样化的功能需求。这些信俗活动的空间往往与相关产业活动空间邻近或结合设置。例如：邻近庙宇设置的庙会等商业空间，则是信俗建筑与商业空间结合的例子。这其中，福建会馆则是妈祖信俗空间与商业活动相结合的典型。

会馆建筑是一种特殊的公共建筑类型。其服务对象是以地缘为纽带的同乡组织或以行业为纽带的同业组织。随着商业的发展，特别是跨地域商业的繁荣，会馆建筑逐步演变为主要服务于同乡商人的场所。会馆建筑除了承担聚会、观演、节庆、文教等实用功能外，兼具祭祀和集会双重功能，也被视作同乡信俗文化的象征。会馆通常会延续其移民来源地代表性的信俗文化。

例如福建会馆被称为天后宫[①]，祀奉妈祖；江西会馆被称为万寿宫，奉祀许真君；广东会馆被称为南华宫，奉祀南华老祖等。会馆兼具信俗崇拜的功能，为身处异乡的客商们提供了精神上的联系纽带，进一步增进了归属感和凝聚力，同时也对会馆及周边环境的空间结构和地域文化产生持久的影响。

福建会馆的选址证实了妈祖信俗空间与商业活动紧密结合的关系。一般优越的水运交通便有着繁荣的商业，因此大量闽粤商人聚集在发达水运交通处，靠近码头的便利之地更成了福建会馆建址之首选。并且靠近港市码头的地方一般都是商业最为繁荣的所在。以会馆为中心，在城镇中形成一个个呈现跨地域和混合性特征的文化圈，并对整个场镇的空间结构和乡土文化产生持久的影响，妈祖信俗也得以借助商业发展传播开来。海神妈祖信俗以福建会馆的建筑形式传播到各地。

3.2.4 妈祖信俗空间与娱乐空间

妈祖宫庙所在的闽南村落基本没有纯粹的休憩、娱乐空间，农事劳动等生产性活动占据了日常生活的绝大部分，因此妈祖信俗空间与公共娱乐空间的结合主要体现在院落中的信仰空间，如戏台等观演空间。而妈祖信俗空间与娱乐空间的关系中，最典型的就是与戏台等观演空间的关系。

在经济条件有限或公共建筑形制欠发达的聚落中，表演和观演活动通常在开敞的室外空间进行，而具备条件的，则会在专门建造的表演和观演空间中进行，例如戏台和戏楼。无论是开敞的户外表演空间，还是专业化的戏台建筑，大多数都是紧密结合宫庙等信俗建筑来设置。

戏台最初是源于早期信俗类建筑中用以歌舞敬献神灵的部分，随着歌舞、戏剧的世俗化，其逐渐脱离了对信俗类建筑的依赖，形式也从开始没有遮蔽的露台，发展成为独立式的舞亭，再发展到有明确区分前后台的戏台。

---

① 福建会馆随着福建商人的商业活动以及移民热潮，在我国沿海、沿江及内陆地区纷纷建立。因福建是妈祖的故乡，故福建会馆，必以宫殿祀奉妈祖，由此，福建会馆也被称为“天后宫”。

建于宫庙内的戏台，通常在山门之后朝向院落的位置，一种是戏台高度较低，山门位于戏台两侧；另一种则是将戏台建于山门入口之上，高度较高。规模较大的宫庙，也有在内部或者山门对面独立设置戏台的情况。这些形态体现了“悦人娱神”的传统功能，同时也与庙会的商业活动一起，使其成为乡土聚落公共活动的核心。此外，各地的会馆建筑中也多建有戏台。会馆的兴建带有壮大同乡声势、加强凝聚力的意味，同时也承担信俗、聚会、观演、节庆等功能，戏台的表演功能与会馆的信俗功能和实用功能紧密结合。例如全国各地的福建会馆大多都设有戏台，这类戏台一般都与山门结合，形式一般分为凸形和平口两类。凸形表演空间更大，且因三面可观，观演效果更佳。

妈祖宫庙中的戏台也是不可或缺的一部分，很多妈祖宫庙都有戏台这一观演空间的存在（图 3-21、图 3-22），但戏台是为祭祀而建，只在举行祭祀活动时使用，使用频率很低。因此，妈祖宫庙的戏台设置都较为简单，且没有其他附属功能。形式大多为面向主殿的空地上设置的直接落地式的戏台，规模也较小，戏台主要为祭祀仪式等表演活动服务。可见妈祖宫庙中，建筑功能决定了建筑的布局。

图 3-21　厦门仙乐宫戏台

图 3-22　厦门薛厝社龙兴宫戏台

第4章

闽南妈祖宫庙建筑的形制研究

闽南妈祖宫庙的初始原型由闽南民居进化而来，本章主要研究闽南妈祖宫庙建筑的建筑体系与原型影响，同时对其空间布局与功能以及空间组合关系进行研究。在闽南妈祖宫庙建筑基本类型的空间组合研究中，以拜亭、建筑的进数以及天井的数量为主要的分类依据，对空间组合形式进行分类研究，总结出闽南妈祖宫庙建筑的空间组合规律。

4.1　闽南妈祖宫庙建筑的建筑体系

4.1.1　闽南妈祖宫庙与闽南民居体系

民间信俗建筑源自民间，不可避免地深受地域性民居建筑的影响。福建传统民居多因地制宜，自成一体。大至总体规划、平面布局，小至墙面处理、山墙造型，各地的民居都表现出多样性的特点，地区差别十分显著。据考古发掘推知，在距今 7000~3000 年，福建的原始先民们已经从事以渔猎为主，兼及养畜和种植水稻的生产活动，他们通常居住在海湾地区或依山面水的小丘上。战国时进入福建的越人与当地的土著居民长期融合形成新的闽越族部落，喜欢临江海居住，由于中原文化逐渐进入闽海地区，也带来了中原不同时期的建筑形式和风格。

戴志坚在《闽文化及其对福建传统民居的影响》一文中提到“现存的闽海系传统民居，主要是明清时期建筑，在建筑构造形式上，既有北方地区抬梁式木构架形式，又有南方地区穿斗式木构架体系。在建筑平面布局上，既有三合院、四合院等中原传统建筑形式，又有护厝、排屋、土楼、土堡、吊脚楼、竹竿厝等地方特色建筑形式”①。比较闽海系建筑形式与其他建筑形式（图 4–1），可以发现西方建筑外向、开放，闽海建筑内向、封闭。由于地域、文化、气候的不同，呈现不同的建筑现象，闽海系民居建筑拥有自身独特的表现形式，如北方是“围”出的庭院，南方是“挖”出的天井（图 4–2）。

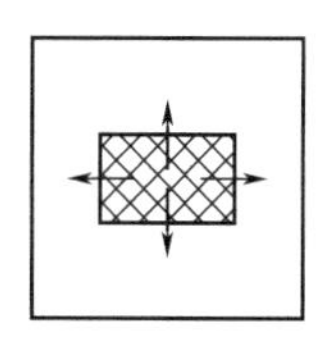

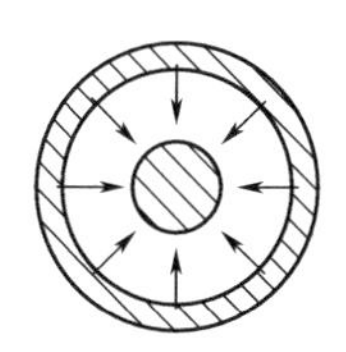

闽海建筑——内向、封闭　　西方建筑——外向、开放　　客家土楼——向心、内聚

图 4–1　闽海系建筑形式与其他建筑形式比较

① 戴志坚．闽文化及其对福建传统民居的影响 [J]. 南方建筑，2011(6):100.

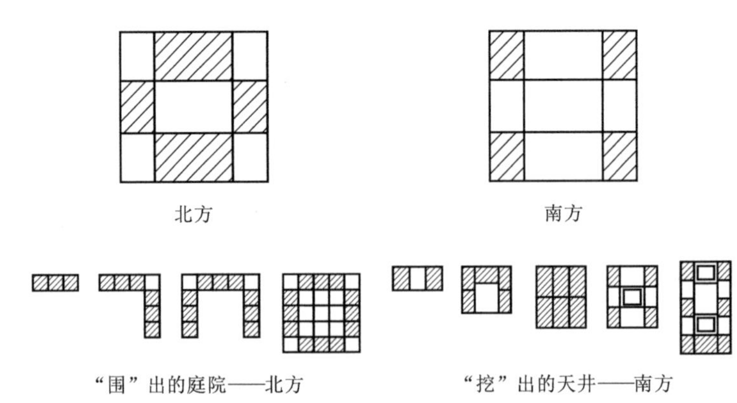

图 4-2　形成合院建筑的不同路径

闽南妈祖宫庙建筑与闽海系民居一样，保持着中轴线对称的特性，同时在院落组合、屋顶形式、结构特征、装饰艺术等方面也深受后者影响，甚至能在现有的闽南妈祖宫庙建筑中挖掘出诸多和闽南民居建筑的相似之处。闽南人最显著的人文特点是具有浓郁的海洋文化色彩，比较注重对财富的追求，敢于冒险，勇于进取；同时闽南人靠海吃海，拥有繁荣的海洋贸易和深厚的海洋文化，对外交流频繁，也带来了中外建筑文化的交流，最终反映在海洋文化痕迹明显的闽南民居上。在沿海地区，海上交通的发展和对外交流的频繁，促进了以红砖厝为代表的民居建筑的形成。闽南民居建筑从地域、风格上可分为泉州、漳州两大匠派。闽南的传统民居以红砖建筑最为亮丽，也最具特色。同时闽南地区拥有许多中西交融的建筑形式，这也从侧面反映出海洋文化对其的影响。

闽南传统民居的构成元素整体上可分为主体元素和附属元素两大类（表 4-1）。

闽南传统民居的构成元素　　表 4-1

类型	元素
主体元素	大厝身（下落、顶落、后落、三落、四落、榉头）
附属元素	护厝、前埕、天井（内埕）、埕头楼、侧院、后界土

主体元素即民居建筑的主体，称大厝身。由各落与榉头组成，间数与

落数控制着建筑的规模，也是建筑等级的直接体现。①“间”在闽南的泉州、厦门称为“间张”，漳州用“间过”，一般以三间张、五间张最为常见；②“落”是衡量建筑进深的标准，也称“进”[①]，有下落、顶落、三落、四落、后落之分[②]；③天井两侧的空间称作“榉头”，有单双区分，单榉头只有一个开间，双榉头有两个开间。

附属元素并不是建筑等级的判断依据和标准，但却实实在在反映了建筑主人的财富地位；同时也体现防御性能的强弱。附属元素包括护厝、前埕、天井（内埕）、侧院、后界土、埕头楼等。①“护厝”又称“护龙”，是大厝身两侧纵向发展的建筑，可分为下落、中落、顶落，它是扩充原有居住空间的直接有效的方式[③]，总高度不超过顶落[④]；②“埕”，是附属元素中的重要部分，是大厝正前方留出的地坪。闽南的传统民居在建造时都会留出前埕空间，以保证民居前的交通空间和动线通畅，体现了民居营建中的环境观念，前埕的大小形状根据交通环境的空间限制而产生不同变化，大多数为较为规整的长方形；③“埕头楼”是前埕两侧加建的辅助建筑，多为后期加建。有单层与双层之分[⑤]，主要功能用于储藏；④侧院，是民居建筑一侧留出的狭长空间，厦门因用地较少，侧院居多，泉州、漳州少见；⑤后界土，即后院，是大厝后部留出的一片空地，作为后期扩建之用，泉州、厦门以这种形式圈地的情况比较常见。

对闽南民居建筑构成元素的分析，有助于更好地分解其建筑布局及了解其建筑的形态构成与功能构成。形态构成要素指建筑的空间环境与建筑的形式特征，功能构成要素主要指民居建筑的方位功能、供热效能、污水处理、结构体系等，前者表现了闽南人的建筑观，后者反映了闽南人的生存环境和方式。将闽南传统民居的构成元素与闽南妈祖宫庙建筑的构成元素加以分析

① 从国家非物质文化遗产“闽南传统民居营造技艺”代表性传承人的图纸上，发现图纸用“进”更为频繁，而平常交流中“落”与“进”皆有使用。
② 对于多落大厝，顶落与后落之间的各落按序号称之。
③ 此类型在李干朗先生的《台湾古建筑图解事典》提及，金门地区称之为“丁字楼”。
④ 洪千惠．金门传统民宅营建法之研究 [D]. 台南：成功大学建筑研究所，1992.
⑤ 此类型在李干朗先生的《台湾古建筑图解事典》提及，金门地区称之为“角楼”。

比较，会发现二者有着非常高的相似度，并且在妈祖宫庙上不仅反映了闽南人的建筑观，更反映了闽南人民间信俗的宇宙观。具体的闽南妈祖宫庙建筑的构成要素将在下一节的布局原型影响中展开详细分析和比较。

闽南民居建筑的主要类型（原型影响）包括三合院、四合院、多院落大厝、手巾寮与骑楼、土楼与土堡这五种类型，其中三合院和四合院最为普遍，妈祖宫庙建筑形制受这两种类型民居建筑的影响最深，联系也最为紧密。

三合院。传统三合院住宅（图 4–3），在泉州地区称“三间张榉头止”“五间张榉头止”，在漳州地区称“爬狮”“下山虎”，在厦门地区称“四房二东厅”“四房四伸脚”（表 4–2）。三合院是闽南小户人家较常采用的住宅形式。以三合院为基本单元，可以根据地形纵向或横向扩展，组合演变成中、大型民居。三合院的平面布局模式为：在三间（“一明两暗”）或五间正房前面的两侧配以附属的厢房或两廊，围合成一个三合天井型庭院。内设廊道，可贯通各房间。有的三合院前方建围墙或设门楼，以别内外。三合院以正房三开间、两侧厢房一开间最为普遍。正中的“明”空间为厅堂，是供奉祖先、神明和接待客人的地方。两侧的“暗”空间为卧室，东侧为大房，西侧为二房。两侧的厢房称“榉头”（泉州）、“伸手”（漳州）或“伸脚”（厦门），左侧一般用作厨房，右侧用作闲杂间。中间围合的天井称“深井”。正房可横向扩展为五开间，也可纵向扩展，厅堂靠后设板壁，称“寿屏”或太师壁。板壁两侧各有一门，其后的过道称“后轩”。厅堂两侧的房间同样分隔成前后两部分，即把正房的每个开间分割成分别从前后入口的房间，后方面积较小，由后轩进出。三开间住宅因面阔较小，两厢有的作为走廊使用。面阔较大的住宅，可在两厢后半部隔出房间，前半部分留有空间用于行走。

厦门地区的三合院以“四房四伸脚”居多。这种布局是把厅堂两侧的房间分隔为前房、后房各两间，故称“四房”；两厢各有两间。三合院的建筑结构为穿斗式木构架或搁檩，建筑的承重墙为山墙，墙裙使用石材，早期多为夯土墙或用土坯砌筑，墙面抹白灰砂浆，后逐渐被砖墙取代。屋顶为硬山式或悬山式。两侧厢房的山墙面向前方，多做成马鞍形。

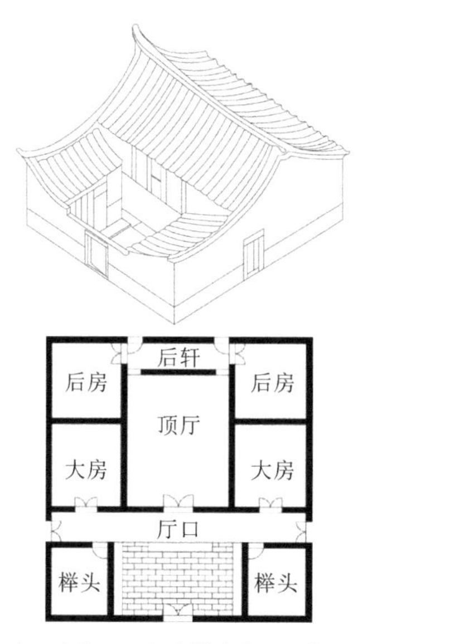

闽南三合院“三间张榉头止”（泉州）

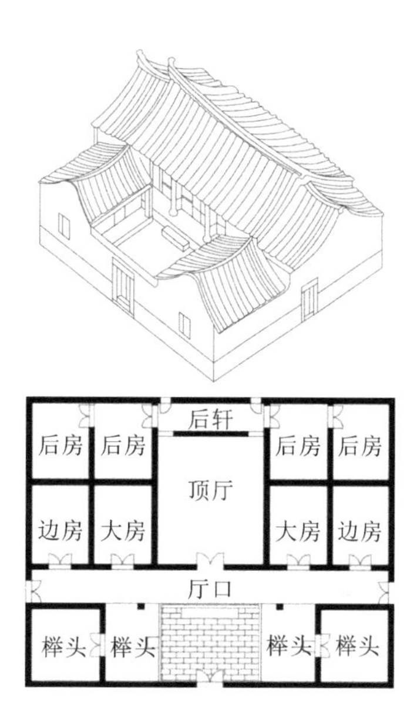

闽南三合院“五间张榉头止”（泉州）

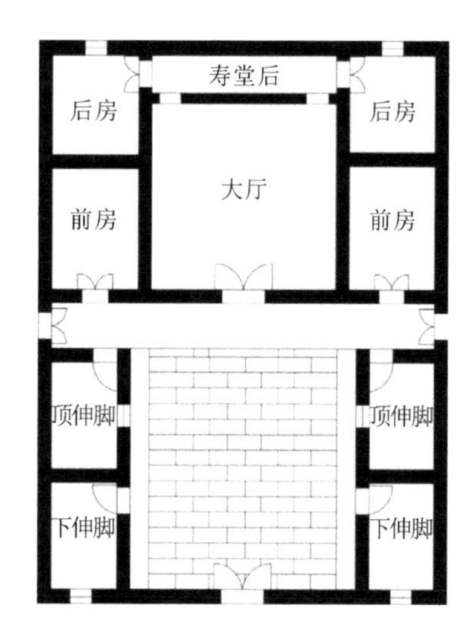

闽南三合院“四房四伸脚”平面图（厦门）

图 4-3　闽南三合院平面图

闽南民居建筑主要类型的厦门、泉州、漳州三地称谓　　表 4–2

三合院		
厦门	泉州	漳州
四房二东厅、四房四伸脚	三间张榉头止、五间张榉头止	爬狮、下山虎
厢房		
厦门	泉州	漳州
伸脚	榉头	伸手
四合院		
厦门	泉州	漳州
四合院	三间张、五间张	四点金

四合院。闽南四合院是闽南传统民居最主要的建筑形式，因其规模较大且具私密性，也是大多数闽南妈祖宫庙的原型。传统四合院式住宅，在泉州地区称“三间张”“五间张”，在漳州地区称“四点金”。四合院是闽南民居常用的一种基本单元，可以纵向或横向扩展，组合演变成中、大型民宅。

闽南四合院的平面布局模式是在三合院的基础上加上前厅组成的，即前后两进及左右厢房围合成一个四合中庭型庭院，形状如“口”字形。有的四合院在屋身的正前方设有“埕”。大多数四合院的基本布局为两进三开间。第一进的中间为门厅，两边的房间为次要用房。第二进的中央为正厅及后轩，两边次间各有前后房，为主要居住用房。左、右两厢（榉头）可以打开，形成过廊使用，也可以隔出房间作为厨房或闲杂间。如果两厢都打开时，可以形成厅堂与前厅、正厅遥相呼应，称“四厅相向”。当“三间张”向横向发展，正房面阔为五开间，称为“五间张”。在四合院的左右两侧加建的长屋，称“护厝”或“护龙”。泉州地区对“三间张”住宅左右增建护厝的称呼为“三间张加双边护”，“五间张”左右增建护厝称“五间张加双边护”，“五间张”左右护厝前部建花厅称“五间张转花厅”（图 4–4）。

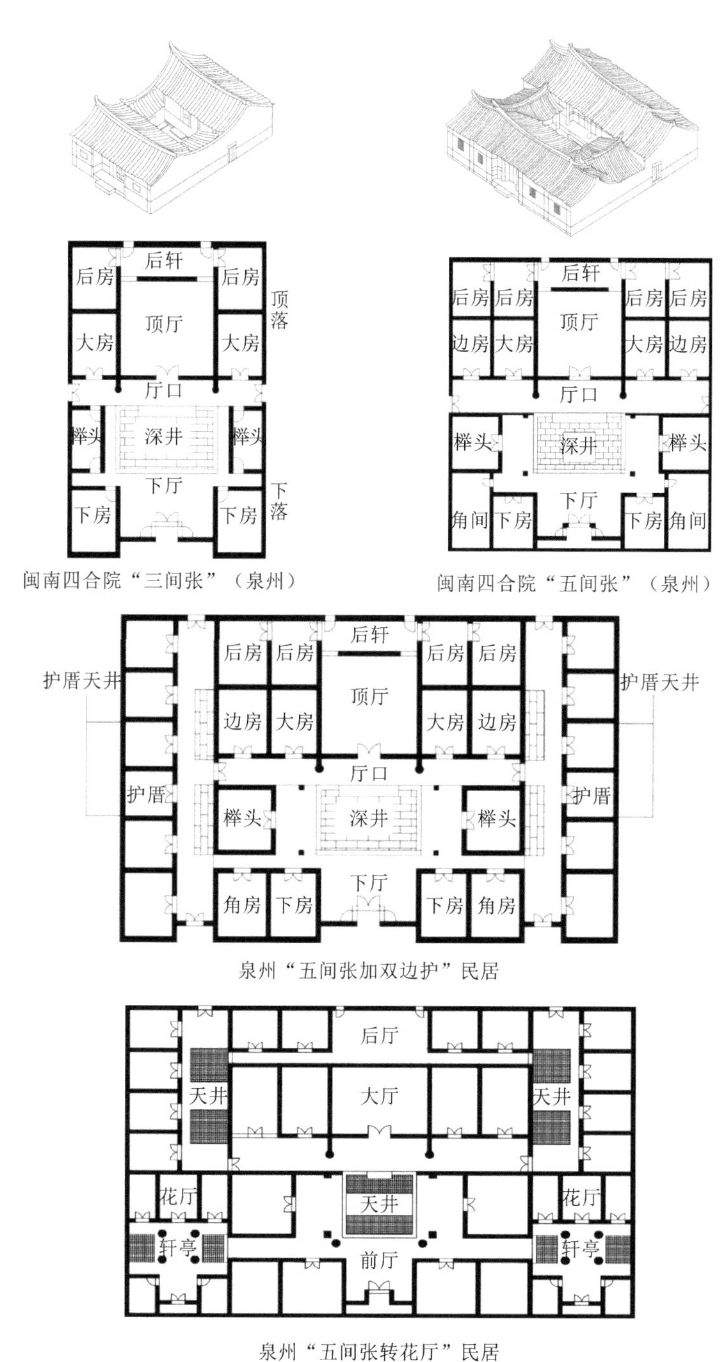

闽南四合院“三间张”（泉州）

闽南四合院“五间张”（泉州）

泉州“五间张加双边护”民居

泉州“五间张转花厅”民居

图 4-4　闽南四合院平面图

闽南四合院的建筑结构多为穿斗式木构架，也有厅堂或檐廊采用抬梁式构架。外墙体多为夯土墙、土坯墙，墙裙使用石材，沿海一带用红砖或青砖砌筑。屋顶为硬山或悬山式。闽南妈祖宫庙无论是平面布局还是建筑结构、屋顶形制等多深受闽南四合院的影响，因此深入了解闽南四合院的布局形制，有助于更好地理解闽南妈祖宫庙的建筑形制。具体的原型影响将在下一节详细叙述。

多院落大厝。多院落大厝是闽南传统民居的典型样式，进深至少三进，称“三落大厝”“四落大厝”等，多院落大厝多是地方望族或历代获得官衔者合族而居的大型宅邸，规模宏大，布局严谨，装饰精美。多院落大厝以合院为基本格局，做纵向、横向扩展或纵横结合发展，可纵向延伸为三进以上的院落。建筑主体由多个院落组合而成，每进的水平高度逐级递增，左右两边建护厝。偶见有两层的后楼。多院落大厝为中轴对称式布局，大门在中轴线的正中，两侧是对称的窗户或边门，大厅居正中，两边是对称的二间或四间卧房。厅堂按位置分为前厅（下厅）、正厅（中厅）、后厅等。一般民间信俗建筑由于经济所限，很难有气势恢宏的建筑出现，因此以多院落大厝为原型的妈祖宫庙并不多见，只有个别级别较高的妈祖宫庙受此原型影响。

另外，手巾寮与骑楼、土楼与土堡也是闽南民居的主要类型，但闽南妈祖宫庙受这类形式的民居影响不大，在此就不再赘述。

4.1.2　闽南妈祖宫庙建筑布局的原型影响

对闽南民居体系与闽南妈祖宫庙的关系进行分析，结果可以证明闽南妈祖宫庙的初始原型是闽南民居。闽南妈祖宫庙出自民间匠人之手，自然会有意无意地传承闽南民居的空间形制和装饰艺术特点等。且无论是闽南民居还是闽南妈祖宫庙，其平面形制都深受地域特性的影响。从闽南民居中可以寻找出闽南妈祖宫庙建筑的原型影响，反映了闽南妈祖宫庙建筑的平面布局特征源流。闽南民居建筑为闽南妈祖宫庙建筑提供了建筑布局等具有建设性意义的参考。可以从中心组织布局、红砖建筑形式、屋顶构成形式三个方面来说明闽南民居对闽南妈祖宫庙建筑的原型影响。

中心组织布局。闽南妈祖宫庙建筑的平面布局基本上是以中轴线为主轴，并先以纵向延伸，再继以横向扩展的发展模式。妈祖宫庙有的是单殿式的，并没有合院，这在早年战乱时期，没有合院的单殿式形式能够起到防范入侵的作用，同时在屋顶形式设置上也是因地制宜，根据当地潮湿、多台风暴雨的特性，针对性地建造完整的屋顶面。但这类型的妈祖宫庙已经非常少见，随着闽南社会经济生活的稳定，基本上大多数的宫庙已经发展成以合院为中心的布局，之前的封闭式单体，向前延伸了拜亭，既有利于燃香烟气的排散，防止烟气熏黑建筑内部或造成人体不适，也方便信众对神明的祭拜，同时还能适应当地多雨水的特性，增强建筑的功能性。

随着平面布局往纵向并最终朝着三进式的平面布局发展（图 4–5），横向上则是朝着侧殿的形式扩展，整体建筑依然相连，即便不是建筑主体相连也会通过围合院落的形式将主体建筑联系在一起，并在院落两侧用围墙围合成院落空间。三进式的建筑布局，往往分为前殿、主殿、后殿，两侧为护殿。体现了封建体制下阶级制度的具体落实，这并非闽南宫庙特有，这种受阶级制度影响的配置，在各地的宫庙都很常见。而在级别较高的官属妈祖宫庙中，主殿前总会有院落空间，一个殿搭配一个院落的分布，可以适应闽南炎热潮湿的气候，利于通风。可见妈祖宫庙建筑的布局中，当地的地理环境、气候因素以及社会环境都对妈祖宫庙建筑功能产生影响，同时其重视宇宙秩序，也对形成这类建筑特殊布局形式产生影响。

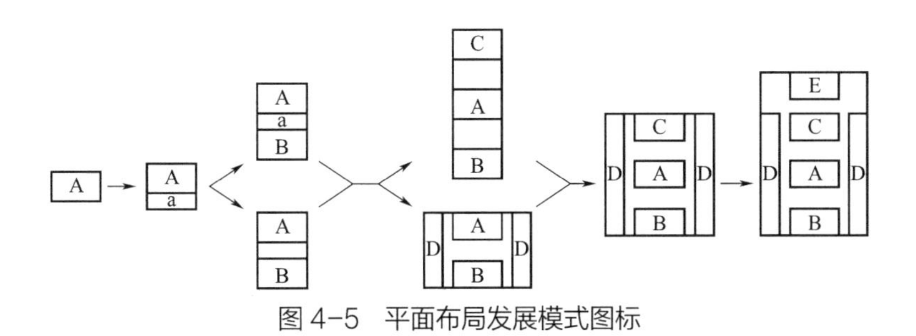

图 4–5　平面布局发展模式图标

闽南妈祖宫庙建筑的室内平面布局与闽南民居建筑以合院为中心的组织

布局基本一致。闽南传统民居的平面格局，有向纵深方向延伸的，有向横向方向扩展的，还有向纵横两个方向发展的，不管如何发展，都是以三合院或四合院为核心或为基本单元组合演变而成的。为适应闽南炎热、潮湿、多雨的气候条件，多设置踏寿、厅堂、檐廊、过水廊、榉头口等半开敞空间。前后进的厅堂均面向天井开敞，天井既是引风口也是出风口，形成空气对流。大型住宅在主体建筑的旁边设置单边或双边护厝，以狭长的天井与大厝组合，侧天井起着通风、防潮作用。

闽南惠安惠东地区的传统渔村村落遗存丰富，惠安东园镇白奇村，张坂镇莲埭村，浮山村獭窟岛，小岞镇的前群村、前峰村、前海村、新桥村、后内村、螺山村、东山村、南赛东村、南赛西村，净峰镇净南村、赤土尾村、墩南村等众多村落的闽南民居建筑都保存完整。民居形式基本以闽南传统民居“三间张榉头止”或“三间张”基本布局为主，民居形制具有浓厚的闽南地域特色。

在小岞镇的前海村有着众多典型的闽南民居，且前海村内还分布着众多宫庙，既有妈祖宫庙也有王爷庙等。以小岞镇前海村京兆衍派民居为例，研究其平面布局及使用功能可以发现，除了基本的居室功能外，在正厅内还设有神龛，可见传统正厅不仅提供家族议事之用，还提供祭祖拜神的场所，同时由于连接了后轩，传统正厅还具有过厅的缓冲功能，住户去往后轩两侧的房间都必须经过正厅。通过笔者现场测量的数据发现正厅的长、宽、高都超过了前厅，但也不会差距太大，这符合闽南民居前低后高、前小后大的布局特点。

从闽南传统民居祭祖神位和神龛的位置设置可以看出闽南社会注重宗族礼制，祭神空间是以血缘为纽带建立的村落中必不可少的要素。通过小岞镇前海村京兆衍派民居与泉州真武庙的平面形制比较（图 4–6、图 4–7），可以看出闽南妈祖宫庙建筑的室内平面布局和京兆衍派民居相对应，妈祖宫庙建筑中的三川殿取代了京兆衍派民居中的下落，原本下落空间中的隔墙和房间被移除，使得三川殿的空间变得更加透亮。同时，原本增大通风和采光效果的天井增设了方便香客祭拜的拜亭，增加了宫庙建筑的神圣性，原京兆衍派民居中的厢房位置加入了左右两侧长条状的天井，增加了采光的同时也更有利通风。而原本的正厅及其余的主要用房则都被改为主祀神和配祀神的神龛，上落整体被改为主殿。

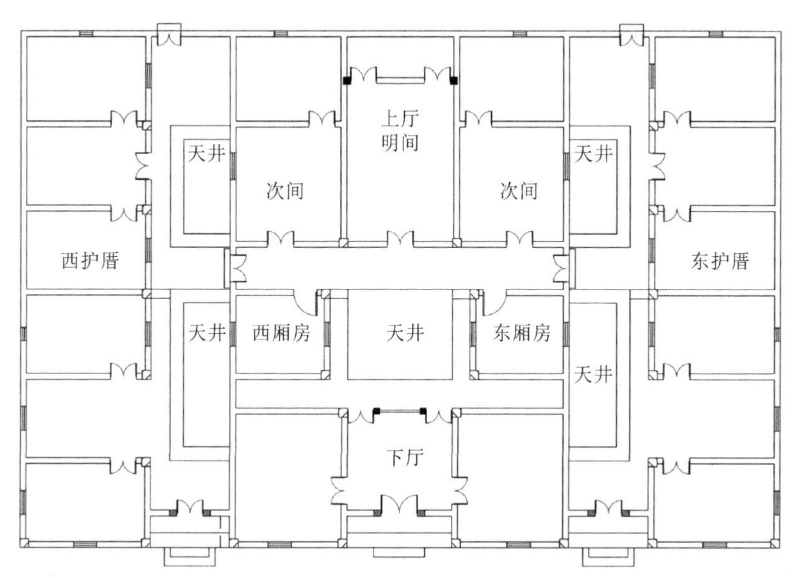

图 4-6　泉州小岞镇前海村京兆衍派民居平面图

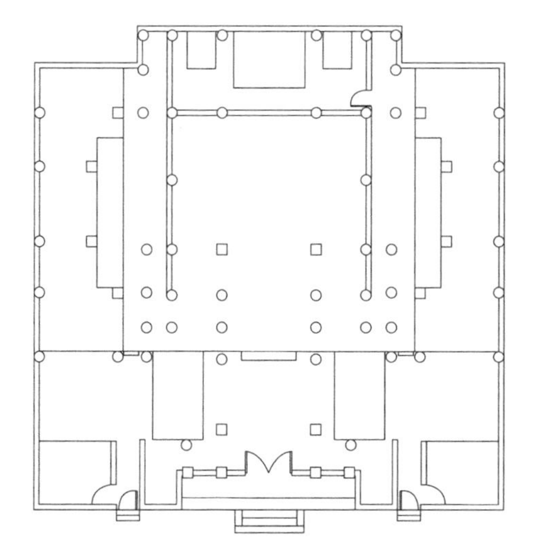

图 4-7　泉州真武庙平面图

对比京兆衍派民居和真武庙的平面布局可以看出二者之间在平面的关系上，闽南民居传统的两殿式布局形式影响了妈祖宫庙建筑空间的平面布局形制。妈祖宫庙建筑继承了闽南民居中以中轴线为基础、左右对称的布局，并且在建筑序列感上呈现更加显著的特征，这条轴线纵向延伸且对外封闭，中轴线依次布置了前殿、拜亭、主殿。横向布局上也讲究左右对称，侧殿厢房、护廊为主要功能布置在主殿左右两侧。根据中轴线的功能布局，信徒进入前殿，途经拜亭，最后抵达祭神的主殿，做完整套祭拜流程，既是对神明的敬畏和崇礼之心的体现，也是妈祖宫庙平面布局上功能性的体现。另外，闽南地区夏季炎热潮湿，常有台风暴雨侵袭，可见拜亭作为妈祖宫庙建筑的特殊形制存在，有着其地域性气候的原因，同时也保证了祭祀仪式活动的空间连续性。

对比闽南民居的基本布局，妈祖宫庙的院落与闽南民居的院落在功能性上既有相同之处也有不同之处。相同之处都是因闽南独特的地理气候因素所致，院落可增加通风排热。不同之处则是院落性质的差异，闽南民居的院落空间是为住户提供日常生活需求的空间，住户可以在院落里会客品茶、赏花养鱼、晒衣囤粮，它是生活化、现实性的，满足了住户的茶、米、油、盐的需求，并提供了与亲朋好友邻里交往的空间。而妈祖宫庙的院落则是充满仪式化、神圣性的，将院落的生活化转变为祭神的仪式化，现实性转变为神圣性，在闽南民居演变为宫庙建筑的过程中，基于闽南民居体系，用仪式化需求的祭祀空间取代原先生活化为主的功能性空间。闽南妈祖宫庙与闽南民居在空间形态上是同构的，传统民居把宫庙建筑的神圣注入原有的民居平面，加入祭神仪式行为的功能性，在神韵犹存的闽南传统民居的基础上建造带有妈祖信俗神圣光辉的宫庙建筑，营造出独有的闽南妈祖宫庙的布局形式。

4.2　闽南妈祖宫庙建筑的空间布局与功能

4.2.1　闽南妈祖宫庙空间布局的构成要素及类型

从前期的平面布局分析可以发现，闽南妈祖宫庙建筑有明确的轴线关系，这符合中国古建筑强调序列的传统，在强调序列轴线的同时，也强化了仪式感。在笔者走访调研的所有妈祖宫庙中，无论规模大小、形制高低，都是沿轴线呈中心对称的形式分布（图 4–8）。例如泉州天后宫建筑群，沿轴线依次布置山门、戏台、主殿、寝殿、梳妆楼[①]等重要建筑，两侧分置厢房、护廊等附属建筑，并围合成院落[②]。根据建筑的规模大小，轴线两侧的建筑类型也有变化。一类是在轴线两侧建造的主建筑的配套设施，如厢房、廊庑等附属建筑；另一类是两侧分布的祭拜其他神灵的殿宇，有的分布在轴线两侧，也有的各自形成了新的轴线，共有三条轴线，两边分设不同庙宇，祭拜不同神祇。再有一类是因地形原因限制，轴线关系不明确，这在土地资源稀缺的厦门市则不算少见。

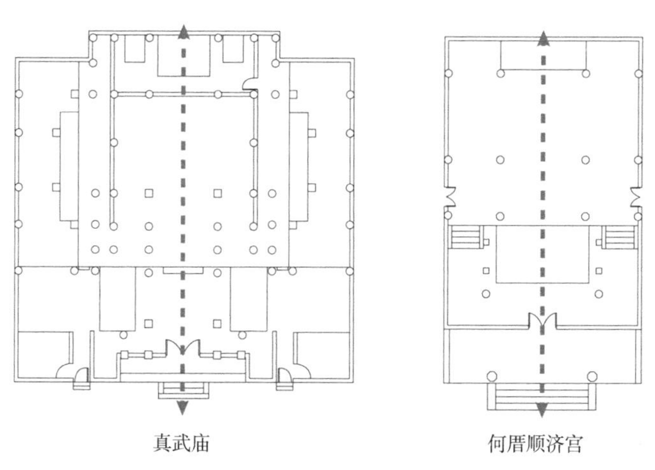

图 4–8　闽南妈祖宫庙平面与轴线关系

① 梳妆楼等生活空间，是体现海神妈祖女性特征的建筑。
② 赵逵，白梅．天后宫与福建会馆 [M]．南京：东南大学出版社，2019：65.

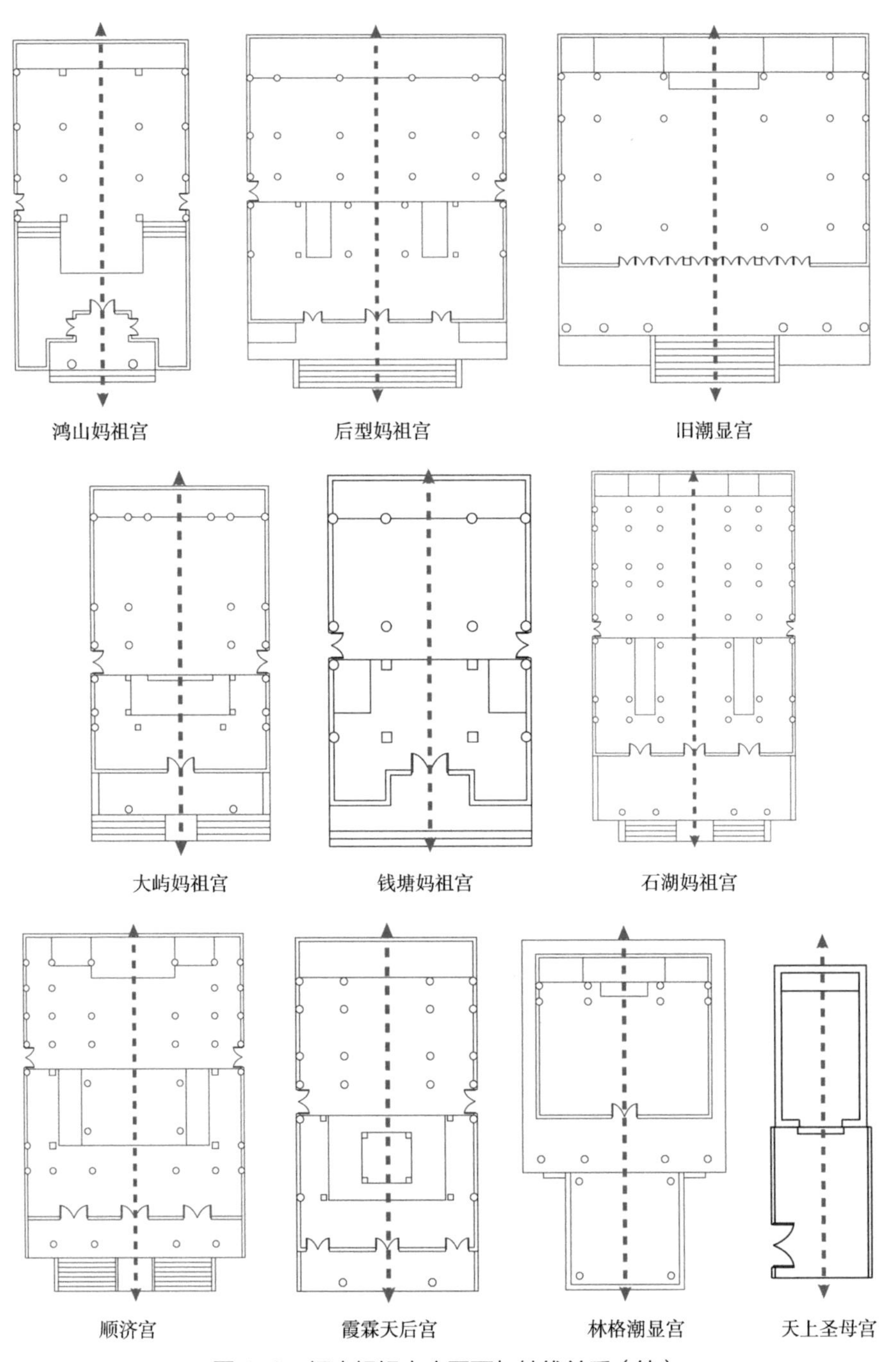

图 4-8　闽南妈祖宫庙平面与轴线关系（续）

序列。大多数的闽南妈祖宫庙单体组合方式是原型为三间张榉头止的三合院形式或两落两榉头的四合院形式。院落是建筑组群的基本构成单元。在级别较高的官属妈祖宫庙中，由于面积更大，空间序列的节奏感也更强，通过各个空间面积的递变、建筑高度的增减，形成一个富有韵律感的序列。如泉州天后宫（图 4-9），其空间序列组织以入口山门为起点，随着内院的行进而逐渐展开，空间形制由公共空间到私密空间的转化，各个院落也由大渐小，形成强烈的对比。主殿作为空间序列的核心，一般居于最高点，营造整个建筑群的视觉中心，具有庄重肃穆的仪式感，而寝殿、父母楼、梳妆楼等后殿则为空间序列的终点。

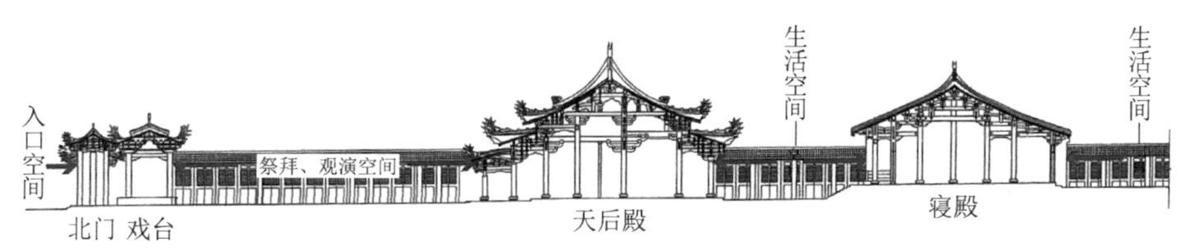

图 4-9　泉州天后宫纵剖面示意图

为增强建筑的序列感，对建筑做高差处理也是一种普遍做法。特别是在一些有地形高差的山地，都会沿着轴线将建筑逐步升高。以惠安潮显宫为例，虽然其为民间建设宫庙，级别和规模均不及官属妈祖宫庙，但依然能见到其通过高差增强建筑空间的序列感，依山势而建于海边，以正殿为主要轴线，高差 10 余米，山门建在下方的沙滩上，每当涨潮时俨如海门（图 4-10）。通过山门石阶拾级而上，山门与大殿之间相差 40 余级台阶。正殿则位于高处，是整个建筑群的空间序列核心，梳妆楼则因地形所限，临正殿边而建。

妈祖宫庙建筑平面布局类型：宫庙建筑的兴建不是小事，尤其是在闽南这片对待神明极其虔诚的土地上，妈祖宫庙的兴建也是如此。民间信俗源自民间，民间宫庙的兴建对于当地民众的重要性不言而喻。除了请堪舆专家观测方位外，对主祀神明的神格分量也很讲究，神格等级越高的神明就越受重视，宫庙的建筑规格形制也就越高，规模也就越大，如妈祖这类神格等级高的海神，往往都拥有宽敞体面、坐向极佳的空间配置。但由于民间信仰的群众性，很多民间自发建造的妈祖宫庙并没有宏大的规模，从实地田野调查中发现，妈祖宫庙的布局类型跨越多样，既有官属规格较高的妈祖宫庙，也有空间性质规模尚可，但装饰精美的民间筹建的妈祖宫庙，还有民间自发建造，规模较小，空间形制单一简陋的妈祖野庙。

图 4–10　潮显宫全景立面，山门位于沙滩之上

因此，建筑平面布局也会因宫庙规模而有不同的类型，闽南妈祖宫庙建筑平面布局多以主殿的中轴线往南北纵向延伸，根据中轴线在不同的殿空间的分布，可分成单殿、单殿带轩、双殿连、两殿、双联式两殿、三殿、多殿等不同形式（图 4–11）。

单殿式，即只有一间殿堂。作为各类宫庙的原型，殿中除了供奉神明的神龛外没有其他多余的东西。空间普遍狭小，如闽南地区的伯公庙、土地庙，台湾地区的大树公庙、福德祠等，除了神明的神像之外，留给香客进入膜拜的空间已经所剩无几；再如惠安惠东海边的头目宫庙，庙内只有一个供桌及神龛，只能容纳 1 ~ 2 人进入敬拜，2 人进入时，都已觉得空间狭小。香炉等附属设施只能设置在殿外，因此多为临时放置。个别条件稍微好点的单殿式宫庙，还会放置供香客休息的座椅。随着经济的发展，这类单殿式宫庙的数量正在逐渐减少，许多已经消失或者翻新建规模更大的庙，也有的被附近的主庙合并，成为配祀神宫庙。

单殿带轩式，顾名思义就是在单殿式的基础上延伸出一个轩或者拜亭，也叫单殿带亭式。这是在单殿式的基础上升级改进后的形式，目的是方便香客祭祀。同时也是因为闽南地区高温炎热且潮湿多雨，单殿式一旦遇到香客较多的情况时，香客只能在殿外等候，若是遇到夏季高温酷暑，不利于祭拜，而临时摆放的金炉等设施又因为雨季无法正常使用。因此轩亭的增设、祭拜空间的外扩可以有效解决香客人数多殿内无法容纳的情况，还可为香客遮风挡雨，因此在闽南地区得到广泛应用。从田野调查的情况来看，单殿带轩式的建筑形式也要多于单殿式①。

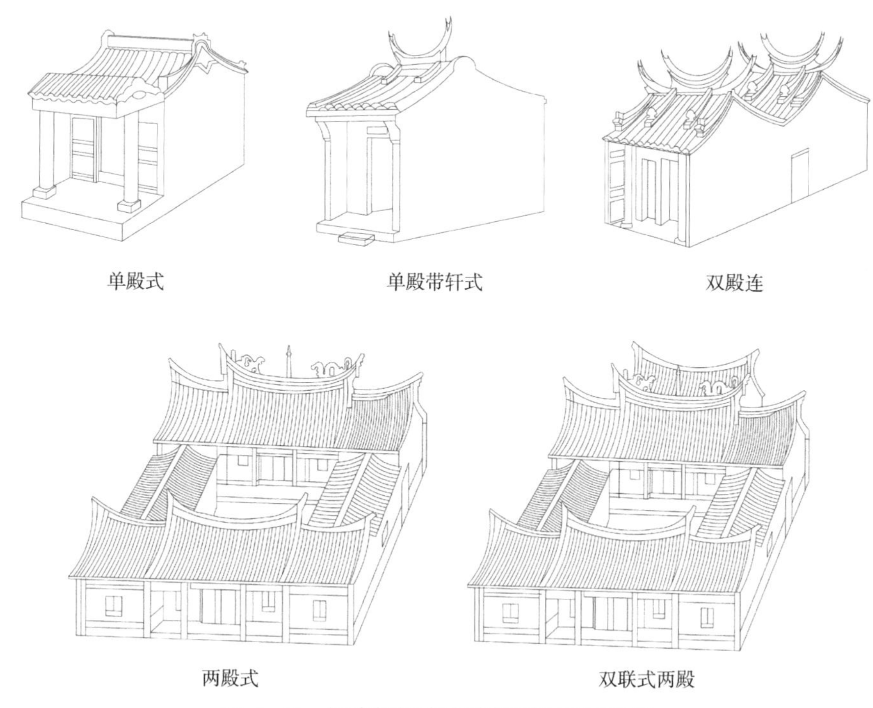

图 4-11　闽南妈祖宫庙建筑平面布局类型

双殿连式。双殿连式可以看作是单殿带轩式与单殿式的合并。其中前殿相当于单殿带轩式，即把门与拜亭结合，将门内缩后，形成门廊，双殿连的屋顶有独立正脊，但却是形成剖面形式为“M”形的完整庑面，即两个屋顶

① 王永志，唐孝祥．论闽、粤、台庙宇布局及屋顶形式 [J]. 中国名城，2012(11):7.

是相连的。而从外部看整个建筑显得更为狭长和封闭。双殿连式的优缺点分明，优点是不仅能为香客遮蔽，还因为相对封闭的形式具有防卫性质，可以保护妈祖宫庙建筑的财产安全。但缺点也正是因为其过于封闭，极度依赖门窗，因此空气流通性较差，无法及时排出的烟气容易将宫庙建筑内部和神像熏黑，同时也不利于香客的祭祀环境。

两殿式。两殿式与双殿连式最大的不同就在于原本相连的两块屋顶各自独立。两殿式建筑分为前殿和主殿，前殿也叫三川殿，两殿之间有院落空间，院落的两侧有围墙。连接两殿的围墙不仅起到院落围合的作用，更由此产生出多种形式，如围墙上有屋顶遮蔽并形成走廊的话，则可以称为两殿两廊式；若取消围墙直接用侧殿取而代之的话，则称作两殿两护龙式，并进一步与三川殿和主殿相连形成厢房空间，与闽南民居的两落两榉头的合院形式相似①。由于增加了院落空间，大大缓解了两殿式封闭空间空气流通不畅的问题，同时两侧增加护廊，还可为香客在雨季时祭祀提供便利。因此两殿式妈祖宫庙建筑得到了普遍应用，在闽南现实生活中也最为常见。

双联式两殿。双联式两殿可以看作是两殿式与双殿连式的合并。其主殿采用双殿连式的形式，在剖面和屋顶形式上都与双殿连式保持一致。之所以采取双殿连式的形制，目的是增加主殿的祭拜空间，使得主殿的祭祀空间更具气势，更显神明神格的至高无上。但与此同时，在原本占地不变的情况下，势必会缩小内院的面积，带来的就是采光的减少和通风的压力增大。这类建筑形式在现今妈祖宫庙中不多见。

三殿式及多殿式。在双联式两殿之上的就是三殿式的形式，即在两殿式的基础上，加上一个后殿，且有护殿相接，而在三个殿之间有两个院落相接，形成“三川殿—院落—主殿—后殿”的布局形式。多殿式是形制级别高的宫庙才拥有的形式。其规模宏大，殿堂数量较多，在中轴线上的建筑物超过三座以上，附属建筑齐全。例如泉州天后宫，作为形制最高的妈祖宫庙，其在中轴线上布置了前门、主殿、后殿、寝殿、梳妆楼、侧殿等，属于多进式的建筑形式。

---

① 王永志，唐孝祥．论闽、粤、台庙宇布局及屋顶形式 [J]. 中国名城，2012(11):7.

将笔者调研的闽南宫庙建筑按照级别区分来看，54 座现场测绘的宫庙中[①]，属于官属妈祖宫庙建筑的为 4 座，民间建设宫庙 46 座，民间野庙 4 座。官属妈祖宫庙建筑无三殿式以下级别，其中三殿式 1 座，多殿式 3 座；民间野庙则无单殿式以上级别，连单殿式带轩类型都未出现。可以看出妈祖宫庙的建筑平面布局类型，一般官属妈祖庙规格高，因此以多殿式或三殿式为主，民间妈祖庙香客较少，且受重视程度不高，多为聚落境内的铺境小庙。妈祖宫庙中，民间集资建造的宫庙占据主体，达到 46 座，占总数的 85.2%，民间建造的妈祖宫庙，香客众多，香火旺盛，是妈祖宫庙的主力军，这其中两殿式的妈祖宫庙达 33 座，占 71.7%，可见大多数的民间建造神庙，都选择两殿式建筑布局，此处的两殿式布局包含双殿连式、两殿式及双联式两殿（表 4–3）。

闽南妈祖宫庙平面组合类型统计数量表　　表 4–3

闽南妈祖宫庙平面组合类型统计数量表，54 座（泉州市、惠安县、晋江市、石狮市、厦门市、漳州市）					
数量 / 座	单殿式	单殿带轩	双殿连两殿式双联式两殿	三殿式	多殿式
官属妈祖庙	—	—	—	1	3
民间建妈祖庙	2	7	33	2	2
民间妈祖庙	4	—	—	—	—
小计	6	7	33	3	5
合计 54 座					

4.2.2　闽南妈祖宫庙建筑的建筑功能（单体建筑形制）

从走访的大量妈祖宫庙的平面布局中可以看出，闽南妈祖宫庙的构成元素，按照轴线分布，依次包括前殿（三川殿）、拜亭、主殿、后殿、内埕（天井）等。三川殿、拜亭、主殿及内埕作为闽南妈祖宫庙建筑的主要功能构成元素，其余如山门、戏台、寝殿、梳妆楼等则属于妈祖宫庙建筑的次要功能构成元素。

---

① 共走访 74 座妈祖宫庙，由于部分妈祖宫庙因客观原因无法测量，实际测量样本为 54 座。

前殿，作为妈祖宫庙建筑映入眼帘的第一座建筑，它所代表的是这座宫庙建筑的规制级别以及所信奉神明的等级。大多数的妈祖宫庙在原有的闽南民居上转化而来，移除了踏寿、角间等，大都显得前殿较为通透明亮。前殿一般开间为三间，大型妈祖宫庙面阔五间。辟有三门的前殿建筑，称为“三川殿”。这种三门的屋脊常常配合开间而分为中段高、左右相对低的三段正脊，使宫庙的立面更加丰富且强调重点，有些纯粹当作门廊使用，有些兼作拜殿[①]。三川殿是妈祖宫庙的门面，其代表了该座宫庙的建筑规制级别和神明的神格级别，因此对其建筑装饰水平的要求较高，例如在许多三川殿的屋顶装饰上，精雕细琢工艺精湛，甚至超过了主殿的精美程度。但即便其工艺水平超过主殿，在建筑形制和屋顶形式上也不会僭越主殿。在闽南地区妈祖宫庙的前殿中，未见到有前殿的屋顶形式超越过主殿的现象。在主殿为重檐歇山顶的妈祖宫庙中，三川殿则大多采取歇山假四垂、重檐假四垂、单檐歇山、断檐升箭口的形式[②]。例如泉州天后宫的前殿，便是断檐升箭口的形式。三川殿基本作为门廊或者拜殿使用，大多数为单层建筑。泉州天后宫的三川殿的形式则更为巧妙，与戏台融为一体，属于复合型空间，正面是天后宫的入口，大门屏风后为戏台，屏风同时为戏台的后台（图 4–12、图 4–13）。

图 4–12　泉州天后宫三川殿

图 4–13　泉州天后宫戏台

① 李乾朗 . 台湾古建筑图解事典 [M]. 台北：台北远流出版社 ,1999:28.
② 李乾朗 . 台湾的庙宇建筑屋顶形态之类型发展及结构 [J]. 房屋市场 ,1981:78–83. 具体图示可参照 6.1.2 妈祖宫庙建筑屋顶形态。

主殿即供奉主祀神明的场所（图 4–14、图 4–15），它是中轴线上最重要的建筑，同时也是规制最高、面积最大的建筑，并且其屋顶形式的级别也为中轴线上建筑中的最高级别。受严格的礼制与格式化建筑等级的影响，闽南妈祖宫庙的主殿即便如最高规格的泉州天后宫，其主殿形式也只是重檐歇山顶的形式。为丰富造型并强化等级与次序，可以采用丰富的屋顶形式；有些妈祖宫庙会采取断檐升箭口[①]的形式。形成高低错落、组合有序的屋顶形式，使得主殿从远处看起来更加气势恢宏。规模较小的单殿式或双殿连式的妈祖宫庙，主殿则采取简单实用的硬山顶。可见要判断妈祖宫庙的级别如何，从其主殿的建筑形式特别是主殿屋顶的形式便可判断。

图 4–14　惠安潮显宫主殿外景

图 4–15　惠安潮显宫主殿内部全景

拜亭是妈祖宫庙中最为重要的元素之一，也是最具特色的部分（图 4–16、图 4–17）。拜亭是为祭祀神灵时上香、敬奉提供空间而设置的，通常位于正殿之前，平面近似方形，面阔多与主殿的中心厅间一致。拜亭没有墙面，只有四

① 将三开间的主殿中间部分升起，形成高低错落、组合有序的檐口线。

柱与屋顶，从其平面分布看，独立位于妈祖宫庙的中轴线，既有独立于主殿前，作为前殿和后殿的连接，也有单独位于前殿之外的独立户外拜亭，但无论如何分布，都尊崇轴线。作为每位香客必到的场所，拜亭的功能性明显要高于装饰性和象征性，因此其屋顶的形式也较为简单，一般为单檐歇山顶或单檐硬山顶，甚至还有级别更低的卷棚顶。另外由于拜亭常常扮演连接主殿与三川殿的过渡空间，其屋顶形式也要避免超过主殿，所以拜亭的屋顶高度也往往要低于主殿。

但也有少数妈祖宫庙将拜亭视作主殿的延伸，选择等级高的重檐歇山顶作为拜亭屋顶，并赋予华丽装饰。还有的拜亭则位于三川殿之前，以独立的单檐歇山顶形式出现，成为妈祖宫庙布局中面对香客信众们最前沿的空间。拜亭的设置增强了祠堂的序列感，且能在祭祀活动中起到遮风避雨的作用。也是整个宫庙中敬神活动必经的路线且活动最为频繁的区域。

图 4–16　泉州洛阳昭惠庙拜亭

图 4–17　泉州真武庙拜亭

后殿及侧殿。正殿后面的殿堂就是后殿，在三进式的空间中常见。后殿主要用于祀奉“从祀神”[①]、“父母神”[②]、“同祀神”[③]，一般宫庙后殿的祀奉神明

① 从祀神可分为配偶神、配祀神、挟祀神、分身、隶祀神等，配偶神为主神的配偶；配祀是与主神有特定关系的属神；挟祀神只供主神两侧的侍神；分身是同一主神的数尊神像；隶祀神是不同主神所共有的属神，如门神。

② 父母神为主神之父母，如有些妈祖庙后祀有妈祖之父母。

③ 同祀神的神祇与主神五宗教为从属或其他关系，其神格地位可与主神相当或更高。

为宫庙主神的亲人、配偶或配祀神明，例如厦门银同天后宫的后殿敬奉的就是妈祖的父母神，以及配祀神注生娘娘和土地公。

宫庙的侧殿是少数不在主中轴线上的空间，但其所处的位置与中轴线平行。侧殿主要敬奉同祀神和配祀神，例如瑶江大元殿的侧殿就敬奉着玄天上帝的配祀神。另外，由于空间有限，现在的侧殿很多被用作管理者使用空间，如接待、办公或储藏等用途，可称为左右正殿[①]，或厢房、配殿、护龙等。因为侧殿敬奉的神明神格及建筑等级都不如主殿，屋顶形式以较为简单的单檐为主，形式上次于中轴线上的主建筑。且位于护廊中，侧殿的屋顶形式多采用硬山顶与护廊连成一体。

内埕及天井。在闽南妈祖宫庙建筑的布局中，一殿一埕的形式较为普遍，受闽南民居建筑以合院为中心的组织布局的影响，三进式的妈祖宫庙则是前殿—内埕—主殿—内埕—后殿的组织形式，在内埕两侧有廊殿或护殿连接。闽南妈祖宫庙中，内埕经常会设置拜亭，拜亭同三川殿、主殿、后殿共同分布在中轴线上，内埕则被拜亭分为左右两个天井，又称日月井，有些内埕本身面积不大，则无天井，由廊殿取代。因此内埕及天井的数量分布往往取决于拜亭的位置和数量，若拜亭不设置于内埕，那也就只有一个院落空间，若拜亭设置于内埕，则会出现两个天井的情况。三进式的妈祖宫庙则还会出现三个或四个天井的情况。这样的天井空间在妈祖宫庙中较为常见，从调研结果看，内埕与天井均有出现在不同的妈祖宫庙中，有的天井呈现轴对称的分布形式位于拜亭的两侧，形态也呈现多样性，包括长条形、方形，且大小不一。若是位于两侧的天井，有些受闽南多台风多雨水的影响，还加盖了屋顶，但碍于采光影响，多数采用透明封顶，采光与遮风挡雨两不误。但闽南潮湿炎热且宫庙内香火旺盛，考虑到通风，天井院落常采用半开敞的形式，而并未被拜亭分隔的内埕，则呈现长方形的样式。内埕及天井是妈祖宫庙中较为独特的形式空间，增强了妈祖宫庙内部平面布局的空间节奏秩序，同时还具有通风、采光等功能，也是妈祖信俗仪式行为在空间中的体现（图 4–18、图 4–19）。

---

① 学者石万寿将五门式寺庙建筑正殿左、右两旁通护龙之走廊房舍，称为左正殿、右正殿。参见石万寿 . 台湾传统寺庙建筑的规则 [J]. 台湾建筑师 ,1980,6（10）:26–41.

图 4-18　泉州洛阳龟峰宫内天井

图 4-19　泉州洛阳龟峰宫内天井及拜亭

闽南妈祖宫庙的次要构成元素中，最具特点的就是山门及戏台。

山门，又称“牌楼”，原是佛教寺院寓意“空”“无相”“无作”之“三解脱门”[①]。但如今多当作界定宫庙范围、进入山中宫庙领地的象征，因此也广泛称作“山门”。

山门在平面布局的分布上有的离主殿宫庙距离较远，甚至不在中轴线上，如惠安大屿妈祖宫的山门，与大屿妈祖宫的主殿相垂直。且山门的建筑形式有些类似牌坊，有些则设有屋顶，且多为歇山顶，使得山门高低错落有致，极为美观。闽南妈祖宫庙中，规模较大的宫庙则拥有山门，且形式多种多样，层出不穷。

泉州市惠安县净峰镇敦南村后型村的潮显宫的山门则最具特色，潮显宫位于三面环海、靠海吃海的净峰镇，当地民众皆信奉妈祖。潮显宫山门不似其他妈祖宫庙的山门位于地上，而是位于海滩之上，整个宫庙的最低处，每次被涨潮淹及，俨然海门，潮起潮落，若隐若现。又称为龙泉亭，其山门下铺砌石崎，底脚有块黑石谓之蛇舌。距宫数步海底有块土成岩，状如蛤，故称钟灵之地[②]。

---

① 意喻进入三门之后，此三者得以解脱。
② 《潮显宫碑记》。

在笔者走访的所有妈祖宫庙中，潮显宫显然是最让人印象深刻的。朱自清笔下的枫丹白露、徐悲鸿笔下的香榭丽舍、徐志摩笔下的思恋爱人的翡冷翠的一夜……文人墨客与生俱来的浪漫气质，让他们灵光乍现，信手拈来便能成就优美典雅、灵秀隽永的绝妙好词，更是让这些有名的地方取得了令人赞叹的名字。彼时，文人的玲珑匠心，跃然纸上。所以当海水没过，海浪轻轻拍打着“潮显宫”的“海门”时，一座海神宫竟独自面对大海诉说着诗意的广阔，这种天地自然、人神万物构筑的奇妙浪漫的场景，让人想当然觉得“潮显宫”的含义，大概便是潮水退去，宫门方能显露的意思吧。

事实上，潮显宫的名字自然有它的来历，潮显宫敬奉妈祖。净峰镇三面环海，靠海吃海，于是信奉妈祖成为自然。相传清道光十二年（1832 年）此地的妈祖宫择地迁址，由于圣灵感应，有求必报，信众不断增加，感其神庥，慷慨捐资，筹备扩建庙宇。由上厅村民潮吓、显吓兄弟献出耕地，并撰写大门对联“潮声振地沙堤碧，显迹动天甘雨施”，横楣“潮显古地”，匾谓“海宇澄清”。于是潮显宫因此得名。即便潮显宫名字的由来并不像我所想，但潮显古地上的浪漫风景确是事实（图 4–20、图 4–21）。

图 4–20　潮显宫山门

戏台，在闽南妈祖宫庙中几乎是必不可少的元素（图 4–22）。在妈祖宫庙中设置的戏台，并不是服务于香客，而是为神明而设，所以戏台的布局需要与主殿相对，并尽可能位于主殿的中轴线，方便神明观赏（图 4–23）。但也有部分妈祖宫庙因为场地所限，而只好偏向中轴线一侧而建。一般稍具规模的妈祖宫庙都会搭建常设戏台（图 4–24），规模较小级别较低的妈祖宫庙则会搭设临时戏台，供戏班与乐队使用，演出完毕随即拆除。

图 4–21 潮水上涨时的潮显宫山门景象

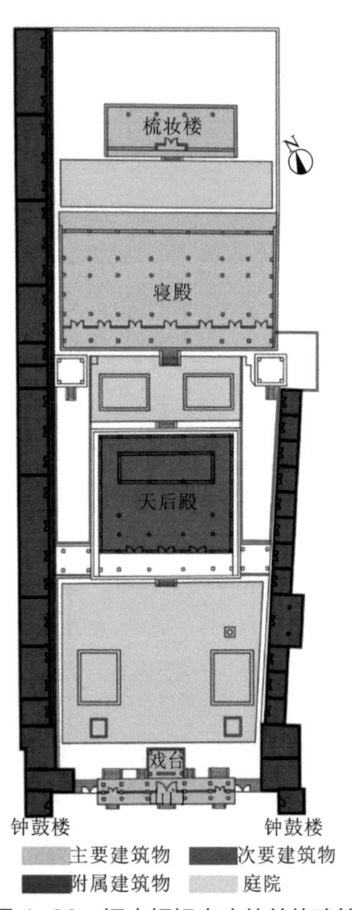

图 4–22 闽南妈祖宫庙的单体建筑形制功能分区图（以天后宫为例）

除了上述建筑外，还有金炉（图 4–25、图 4–26）、照壁、凉亭等附属建筑。闽南妈祖宫庙也有焚烧金纸等以奉献神明或祖先的习俗，将贴有金箔的纸钱加以焚烧。金炉通常位于宫庙的侧面空地或前埕。金炉虽然只是一个为香客提供寄托信俗的附属空间，但在造型和工艺上则丰富多样，例如漳州乌石天后宫的金炉则装点得极为华丽，金炉外部雕刻有精美的图案，顶部有葫芦形作为顶端，并且在葫芦的顶部还有开口可做烟囱。

图 4-23　泉州美山天妃宫戏台

图 4-24　惠安后型妈祖宫戏台

图 4-25　惠安百崎埭上天后宫门前金炉

图 4-26　泉州蟳埔西头宫金炉

4.3 闽南妈祖宫庙建筑的空间组合关系

4.3.1 闽南妈祖宫庙的空间组合

闽南妈祖宫庙建筑的原型来源于闽南民居，因此大多数闽南妈祖宫庙的平面布局有较为相似的建筑形制，但由于建筑功能的不同要求、信俗类建筑特殊的使用行为以及闽南地区的自然地域等因素的影响，形成了不同的空间组合关系。下面通过对闽南妈祖宫庙建筑的调研整理分析，可以更直观了解闽南妈祖宫庙的空间组合关系。

由于部分宫庙未开放，或因损毁严重正在维修，最终选择了 54 座妈祖宫庙进行测绘。从实地考察中可以看到，闽南妈祖宫庙内部空间的最大特点就是内埕即院落空间和拜亭空间，是影响着妈祖宫庙平面布局的主要元素，拜亭的设置影响着院落空间的大小与数量，进而影响整体的空间布局。因此闽南妈祖宫庙的室内空间组合方式主要是以拜亭和院落天井的布局为分类依据。两侧两厢的叠加，造成了传统建筑平面多样化，但这里主要研究闽南宫庙建筑基本类型的组合方式，因此就不把两厢等附属空间加以讨论，而是以拜亭与院落的组合关系为基本研究类型。为方便统计，对数据进行了字母指代，Y 代表有拜亭，X 代表无拜亭，数字 0、1、2 代表拜亭数量，数字 –1、–2、–3、–4 分别代表妈祖宫庙单殿式、双殿式、三殿式、多殿式的组合形式，–（0）、–（1）、–（2）、–（3）、–（4）代表天井的数量。

先忽略拜亭数量多少，以有无拜亭进行统计，为统计方便，两殿式包含双殿连、两殿式及双联式两殿，将调研统计的 54 个案例按照平面类型分类再次统计分析，结果如表 4–4 所示。

闽南妈祖宫庙平面组合有无拜亭统计数量表 **表 4–4**

拜亭	单殿式	数量 / 座	两殿式	数量 / 座	三殿式	数量 / 座	多殿式	数量 / 座	总计 / 座
有拜亭	Y–1	7	Y–2	23	Y–3	1	Y–4	2	33
无拜亭	X–1	6	X–2	10	X–3	2	X–4	3	21

闽南地区妈祖宫庙中单殿式带有拜亭的共有 7 处、两殿式带有拜亭的共有 23 处、三殿式带有拜亭的共有 1 处、多殿式带有拜亭的共有 2 处，总计有拜亭的数量为 33 座，占比 61.1%；单殿式无拜亭的有 6 处、两殿式无拜亭的有 10 处、三殿式无拜亭的有 2 处、多殿式无拜亭的有 3 处，无拜亭总数为 21 座，占比 38.9%。从数据上看，拜亭空间普遍存在于闽南妈祖宫庙中，拜亭作为主殿空间与前殿空间的连接，与主体建筑产生紧密的空间关系，形成了多样化的空间组合方式。且拜亭常常在内埕或前埕空地上建造，与闽南当地炎热潮湿、暴雨频发等特殊自然环境也有一定的关联。在有拜亭的闽南妈祖宫庙中，两殿式拥有拜亭数最高，达到 23 座，占有拜亭总数的 69.7%，以 Y1–2 两殿式带拜亭的类型为主。无拜亭的类型中，有 10 座为两殿式建筑，占无拜亭总数的 47.6%。

表 4–5 为泉州市、厦门市、漳州市的 54 座妈祖宫庙的空间组合形制表。

闽南妈祖宫庙平面组合统计表　　表 4–5

序号	宫庙名称及供奉神祇	始建或重建时间 / 敬奉神明	空间组合	布局特征	布局类型
1	泉州 天后宫 妈祖	南宋庆元二年（1196 年）/ 妈祖	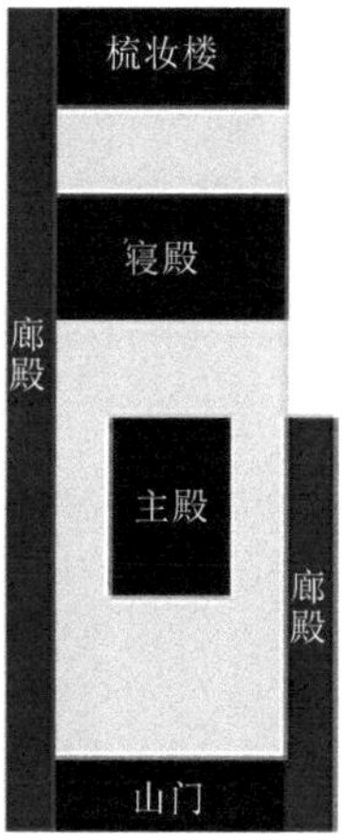 梳妆楼 寝殿 廊殿 主殿 廊殿 山门	多殿式	X0–4–(0)

续表

序号	宫庙名称及供奉神祇	始建或重建时间/敬奉神明	空间组合	布局特征	布局类型
2	真武庙	南宋/真武大帝（北极玄天上帝）	后殿 天井 主殿 天井 廊殿 天井 拜亭 天井 廊殿 三川殿 山门	多殿式	Y1-4-(4)
3	顺济宫	明代万历年间（1573—1620年）/妈祖	主殿 天井 拜亭 天井 三川殿	两殿式	Y1-2-(2)
4	美山天妃宫	明代永乐年间（1403—1424年）/妈祖	主殿 廊殿 天井 廊殿 三川殿	两殿式	X0-2-(1)
5	蟳埔西头宫	不详/好兄弟	主殿 拜亭	单殿带轩式	Y1-1-(0)

续表

序号	宫庙名称及供奉神祇	始建或重建时间 / 敬奉神明	空间组合	布局特征	布局类型
6	泉州霞洲妈祖宫	明天启二年(1622年)/妈祖、祖公、仙公、地藏王、观音	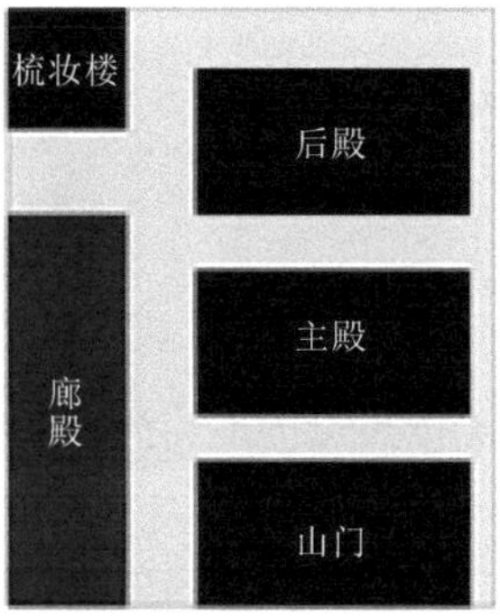 梳妆楼、后殿、主殿、廊殿、山门	多殿式	X0–4–(0)
7	昭惠庙	北宋皇祐年间 / 通远王	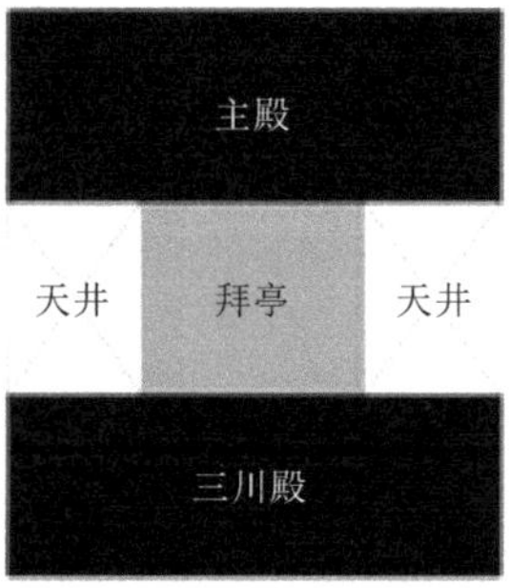 主殿、天井、拜亭、天井、三川殿	两殿式	Y1–2–(2)
8	洛江镇海宫	明末清初/池王爷、天公、石龟像	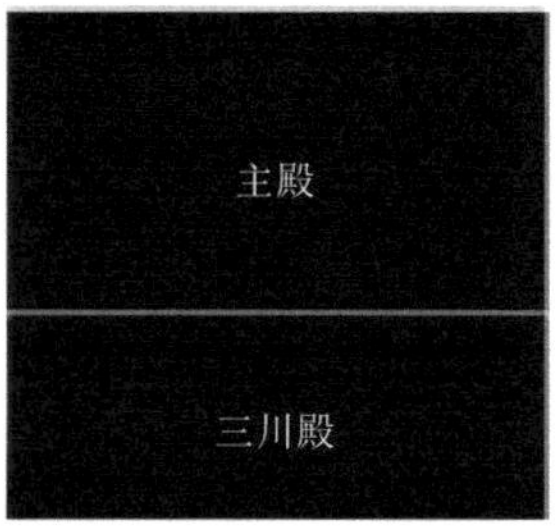 主殿、三川殿	两殿式	X0–2–(0)
9	龟峰宫	明朝 / 妈祖、比干公、相公爷	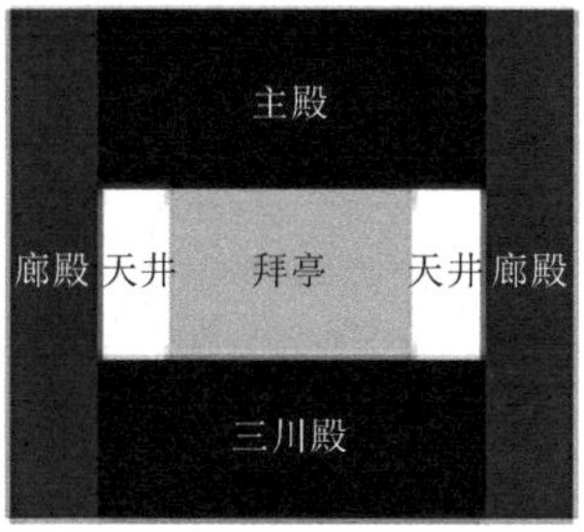 主殿、廊殿、天井、拜亭、天井、廊殿、三川殿	两殿式	Y1–2–(2)

续表

序号	宫庙名称及供奉神祇	始建或重建时间 / 敬奉神明	空间组合	布局特征	布局类型
10	百崎回族乡镇海宫	明永乐年间 / 妈祖、顺风耳、千里眼、土地公、白衣观音、西班头爷、金谢仁公、陈将军	主殿 三川殿	两殿式	X0–2–(0)
11	百崎回族乡圣母宫	不详 / 妈祖	主殿	单殿式	X0–1–(0)
12	埭上天后宫	清康熙十一年（1672 年）/ 妈祖	主殿 天井 三川殿	两殿式	X0–2–(1)
13	獭窟妈祖宫	明永乐九年（1411 年）/ 妈祖、千里眼、顺风耳	主殿 拜亭 三川殿	两殿式	Y1–2–(0)

续表

序号	宫庙名称及供奉神祇	始建或重建时间 / 敬奉神明	空间组合	布局特征	布局类型
14	龙江宫	明朝 / 妈祖	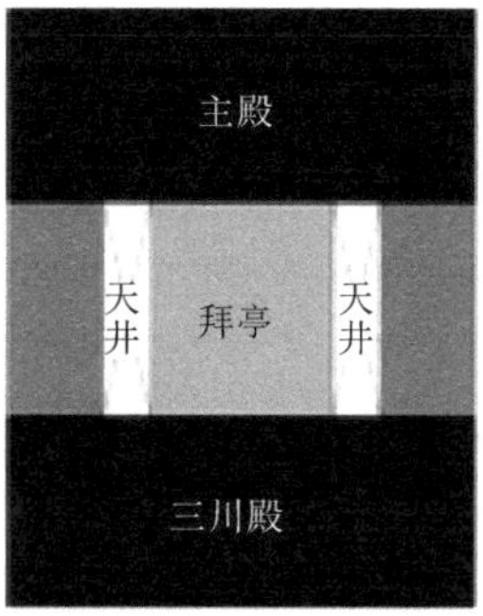 主殿 天井 拜亭 天井 三川殿	两殿式	Y1–2–(2)
15	护海宫	清道光二十七年（1847 年）/ 妈祖	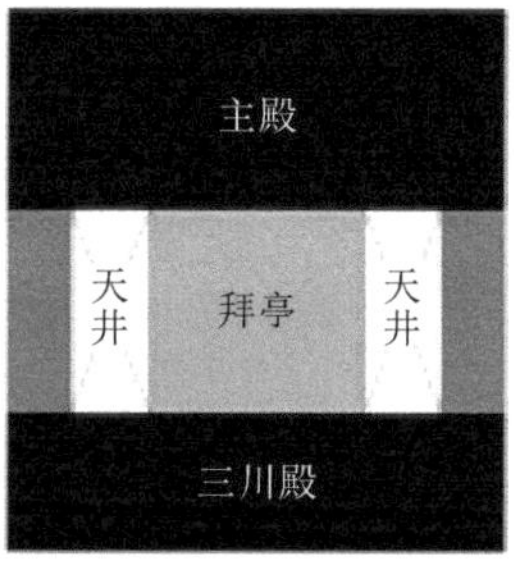 主殿 天井 拜亭 天井 三川殿	两殿式	Y1–2–(2)
16	山透凤山宫	1992 年 / 妈祖	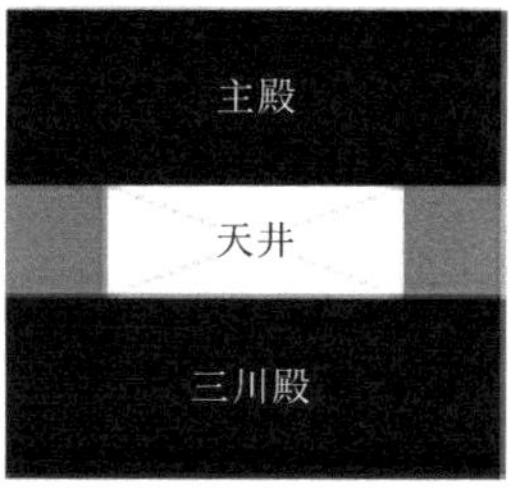 主殿 天井 三川殿	两殿式	X0–2–(1)
17	霞霖天后宫	清乾隆二十二年（1757 年）/ 妈祖	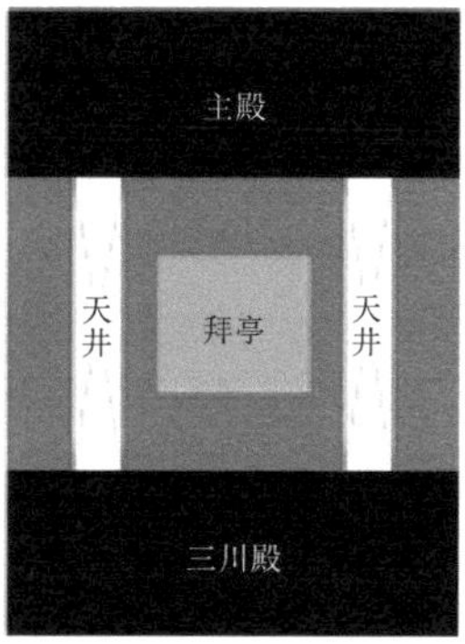 主殿 天井 拜亭 天井 三川殿	两殿式	Y1–2–(2)

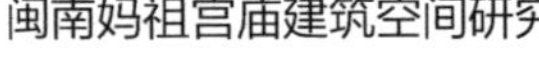

续表

序号	宫庙名称及供奉神祇	始建或重建时间 / 敬奉神明	空间组合	布局特征	布局类型
18	凤山宫	2016 年 / 妈祖		两殿式	X0–2–(1)
19	后型妈祖宫	1989 年 / 妈祖		两殿式	Y1–2–(2)
20	新潮显妈祖宫	清咸丰元年（1851 年）/ 妈祖		两殿式	X0–2–(1)
21	旧潮显妈祖宫	清咸丰元年（1851 年）/ 妈祖		多殿式	X0–4–(0)

续表

序号	宫庙名称及供奉神祇	始建或重建时间 / 敬奉神明	空间组合	布局特征	布局类型
22	新后型妈祖宫	1995 年 / 妈祖	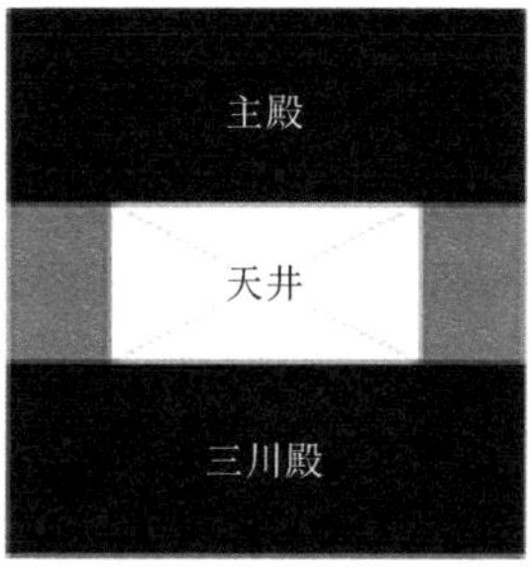 主殿 天井 三川殿	两殿式	X0–2–(1)
23	大屿妈祖宫	北宋建隆年间 / 妈祖	 主殿 拜亭 天井 三川殿	两殿式	Y1–2–(1)
24	湖街妈祖宫	2016 年 / 妈祖	 主殿	单殿式	X0–1–(0)
25	钱塘妈祖宫	明嘉靖年间 / 妈祖	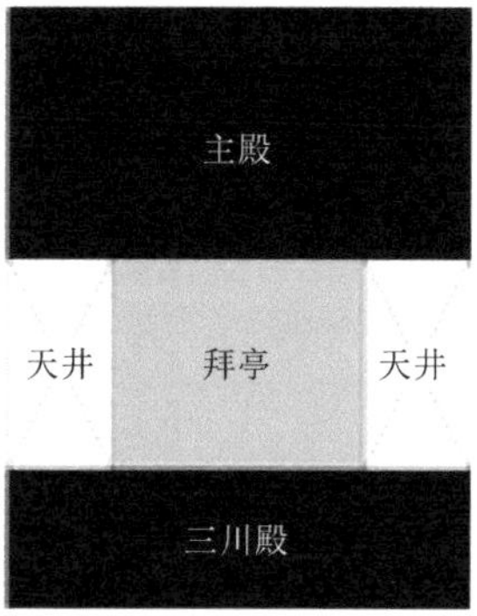 主殿 天井 拜亭 天井 三川殿	两殿式	Y1–2–(2)

续表

序号	宫庙名称及供奉神祇	始建或重建时间 / 敬奉神明	空间组合	布局特征	布局类型
26	缺塘镇海宫	不详 / 妈祖	主殿	单殿式	X0–1–(0)
27	后林真武宫	不详 / 玄天上帝	主殿 拜亭	单殿带轩式	Y1–1–(0)
28	林格真武宫	不详 / 玄天上帝	主殿 拜亭	单殿带轩式	Y1–1–(0)
29	东石萧下天后宫	明万历八年（1580 年）/ 妈祖	主殿 拜亭 三川殿	两殿式	Y1–2–(0)

续表

序号	宫庙名称及供奉神祇	始建或重建时间 / 敬奉神明	空间组合	布局特征	布局类型
30	东石龙江澳天后宫（东石天后宫）	南宋庆元三年（1197 年）/ 妈祖	主殿 拜亭 天井 三川殿	两殿式	Y1-2-(1)
31	石湖妈祖宫	清光绪二十年（1894 年）/ 妈祖	主殿 廊殿　天井　拜亭　天井　廊殿 三川殿 钟楼　鼓楼 山门	多殿式	Y1-4-(2)
32	钱山妈祖宫	明崇祯三年（1633 年）/ 妈祖	主殿 拜亭 天井　拜亭　天井 三川殿	两殿式	Y2-2-(2)

续表

序号	宫庙名称及供奉神祇	始建或重建时间/敬奉神明	空间组合	布局特征	布局类型
33	鸿山妈祖庙	1923 年 / 妈祖	主殿 拜亭 三川殿	两殿式	Y1–2–(0)
34	何厝顺济宫	南宋绍兴十九年（1149 年）妈祖	主殿 拜亭 鼓楼 天井 钟楼 三川殿	两殿式	Y1–2–(1)
35	青龙宫	宋绍熙元年（1190 年）/ 玄天上帝、妈祖、吴真人	主殿 天井 拜亭 天井 三川殿	两殿式	Y1–2–(2)

续表

序号	宫庙名称及供奉神祇	始建或重建时间 / 敬奉神明	空间组合	布局特征	布局类型
36	朝天宫	清康熙三年（1664年）/ 妈祖、吴真人	 主殿	单殿式	X0–1–(0)
37	福海宫	明代 / 妈祖、吴真人	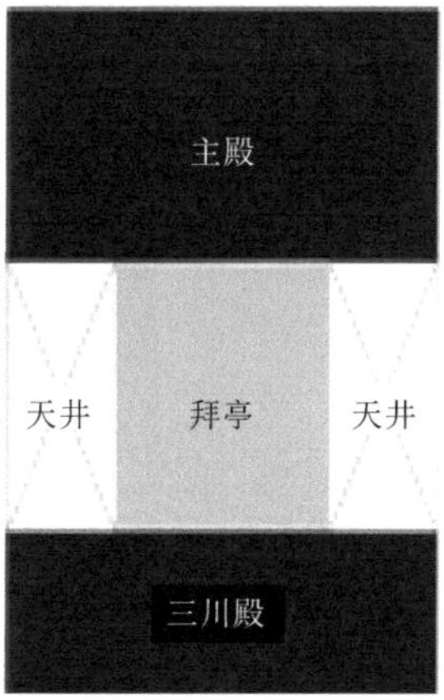 主殿 天井　拜亭　天井 三川殿	两殿式	Y1–2–(2)
38	朝宗宫	明永历十六年（1662 年）	主殿 拜亭	单殿带轩式	Y1–1–(0)

续表

序号	宫庙名称及供奉神祇	始建或重建时间 / 敬奉神明	空间组合	布局特征	布局类型
39	青辰宫	宋代庆元年间始建，2004 年重建 / 玄天上帝、妈祖、吴真人	 后殿 主殿 天井 拜亭 天井 三川殿	三殿式	Y1–3–(2)
40	林后青龙宫	宋绍熙元年（1190 年）/ 玄天上帝、妈祖、吴真人	 主殿 天井 拜亭 天井 三川殿	两殿式	Y1–2–(2)
41	天上圣妈宫	1988 年 / 妈祖	 主殿 拜亭	单殿带轩式	Y1–1–(0)

续表

序号	宫庙名称及供奉神祇	始建或重建时间 / 敬奉神明	空间组合	布局特征	布局类型
42	仓里昭惠宫	不详 / 陈化成、吴真人、妈祖	主殿 拜亭 三川殿	两殿式	Y1–2–(0)
43	福寿宫	不详 / 吴真人、妈祖	主殿 拜亭	单殿带轩式	Y1–1–(0)
44	洪本昭惠宫	不详 / 陈化成、吴真人、妈祖	主殿	单殿式	X0–1–(0)
45	西边社孚惠宫	明成化十六年（1480 年）/ 吴真人、妈祖	主殿 拜亭 三川殿	两殿式	Y1–2–(0)

续表

序号	宫庙名称及供奉神祇	始建或重建时间/敬奉神明	空间组合	布局特征	布局类型
46	仙乐宫	清乾隆年间/吴真人、妈祖	 主殿 拜亭	单殿带轩式	Y1-1-(0)
47	濠沙宫	清代/吴真人、妈祖	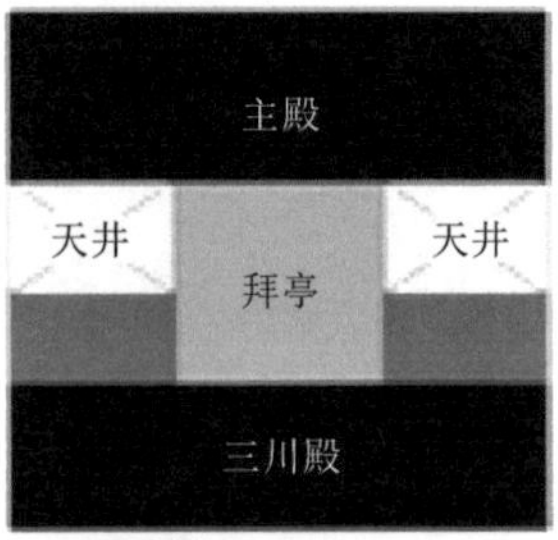 主殿 天井 拜亭 天井 三川殿	两殿式	Y1-2-(2)
48	长兴宫	清嘉庆年间/吴真人、妈祖	 主殿	单殿式	X0-1-(0)
49	龙苍宫	2003年重修/妈祖	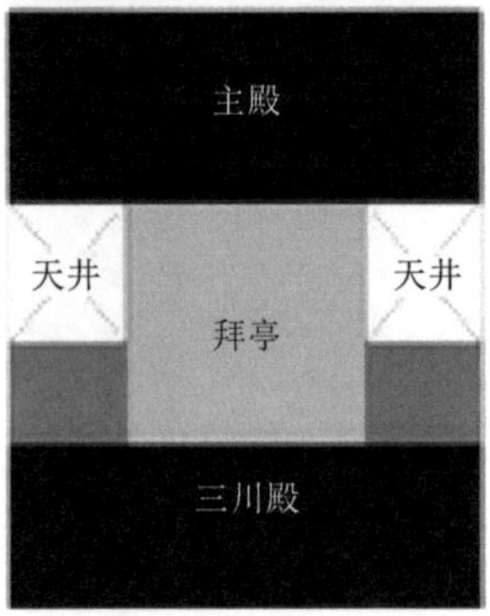 主殿 天井 拜亭 天井 三川殿	两殿式	Y1-2-(2)

续表

序号	宫庙名称及供奉神祇	始建或重建时间 / 敬奉神明	空间组合	布局特征	布局类型
50	湖里凤和宫	清嘉庆二十一年（1816 年）/ 吴真人、妈祖	主殿 天井 拜亭 天井 三川殿	两殿式	Y1–2–(2)
51	薛厝龙兴宫	1998 年重建 / 妈祖、吴真人、蒂公祖（东岳帝王黄飞虎）、王祖（池府王爷）	主殿 三川殿	两殿式	X0–2–(0)
52	银同天后宫	南宋绍兴十五年（1145 年）/ 妈祖	后殿 天井 主殿 天井 三川殿	三殿式	X0–3–(2)

续表

序号	宫庙名称及供奉神祇	始建或重建时间/敬奉神明	空间组合	布局特征	布局类型
53	后河宫妈圣母庙	清代 / 妈祖	主殿 天井 三川殿	两殿式	X0–2–(1)
54	瑶江大元殿	元代始建，1995 年重建 / 玄天上帝	廊殿 后殿 廊殿 天井 天井 主殿 廊殿 廊殿 天井 三川殿	三殿式	X0–3–(3)

通过研究闽南妈祖宫庙的基本类型平面空间组合方式，得到类型关系表（表 4–6），为统计方便，两殿式包含双殿连、两殿式及双联式两殿。

在 54 个平面空间组合方式中，因为拜亭个数的原因，共出现 14 种组合方式，其中有 6 种为个案，属于特殊方式。其余 8 种方式都有相应的案例，数量最多的方式为 Y1–2–(2)，即两殿式有一个拜亭且有两个天井，数量为 14 个。其次为 Y1–1–(0)，即单殿式有拜亭无天井，数量为 7 个；X0–2–(1)，即两殿式无拜亭且有一个天井，数量为 7 个；X0–1–(0)，即单殿式无拜亭无天井，数量为 6 个；Y1–2–(0)，即两殿式有拜亭无天井，数量为 5 个。另外，Y1–2–(1)，即两殿式有拜亭有一个天井；X0–4–(0)，即多殿式无拜亭无天井；X0–2–(0)，即两殿式无拜亭无天井数量各为 3 个。

闽南妈祖宫庙平面组合拜亭及天井关系统计表　　表 4–6

<table>
<tr><th>类别</th><th>天井个数</th><th>单殿式</th><th>数量 / 个</th><th>两殿式</th><th>数量 / 个</th><th>三殿式</th><th>数量 / 个</th><th>多殿式</th><th>数量 / 个</th></tr>
<tr><td rowspan="6">带拜亭</td><td>无天井</td><td>Y1–1–(0)</td><td>7</td><td>Y1–2–(0)</td><td>5</td><td>—</td><td>—</td><td>—</td><td>—</td></tr>
<tr><td>一个天井</td><td>—</td><td>—</td><td>Y1–2–(1)</td><td>3</td><td>—</td><td>—</td><td>—</td><td>—</td></tr>
<tr><td rowspan="2">两个天井</td><td rowspan="2">—</td><td rowspan="2">—</td><td>Y1–2–(2)</td><td>14</td><td rowspan="2">Y1–3–(2)</td><td rowspan="2">1</td><td rowspan="2">Y1–4–(2)</td><td rowspan="2">1</td></tr>
<tr><td>Y2–2–(2)</td><td>1</td></tr>
<tr><td>三个天井</td><td>—</td><td>—</td><td>—</td><td>—</td><td>—</td><td>—</td><td>—</td><td>—</td></tr>
<tr><td>四个天井</td><td>—</td><td>—</td><td>—</td><td>—</td><td>—</td><td>—</td><td>Y1–4–(4)</td><td>1</td></tr>
<tr><td rowspan="5">无拜亭</td><td>无天井</td><td>X0–1–(0)</td><td>6</td><td>X0–2–(0)</td><td>3</td><td>—</td><td>—</td><td>X0–4–(0)</td><td>3</td></tr>
<tr><td>一个天井</td><td>—</td><td>—</td><td>X0–2–(1)</td><td>7</td><td>—</td><td>—</td><td>—</td><td>—</td></tr>
<tr><td>两个天井</td><td>—</td><td>—</td><td>—</td><td>—</td><td>X0–3–(2)</td><td>1</td><td>—</td><td>—</td></tr>
<tr><td>三个天井</td><td>—</td><td>—</td><td>—</td><td>—</td><td>X0–3–(3)</td><td>1</td><td>—</td><td>—</td></tr>
<tr><td>四个天井</td><td>—</td><td>—</td><td>—</td><td>—</td><td>—</td><td>—</td><td>—</td><td>—</td></tr>
</table>

闽南妈祖宫庙空间类型分类表（带拜亭） 表 4–7

带拜亭					
	无天井	一个天井	两个天井	三个天井	四个天井
单殿	主殿 拜亭 Y1–1–(0)				
两殿	主殿 拜亭 三川殿 Y1–2–(0)	主殿 拜亭 天井 三川殿 Y1–2–(1)	主殿 廊殿 天井 拜亭 天井 廊殿 三川殿 Y1–2–(2) 主殿 拜亭 天井 拜亭 天井 三川殿 Y2–2–(2)		
三殿			后殿 主殿 天井 拜亭 天井 三川殿 Y1–3–(2)		
多殿			主殿 廊殿 天井 拜亭 天井 廊殿 三川殿 钟楼 鼓楼 山门 Y1–4–(2)		后殿 天井 主殿 天井 廊殿 天井 拜亭 天井 廊殿 三川殿 山门 Y1–4–(4)

闽南妈祖宫庙空间类型分类表（无拜亭）　　　　表 4–8

无拜亭					
	无天井	一个天井	两个天井	三个天井	四个天井
单殿	 主殿 X0–1–(0)				
两殿	 主殿 三川殿 X0–2–(0)	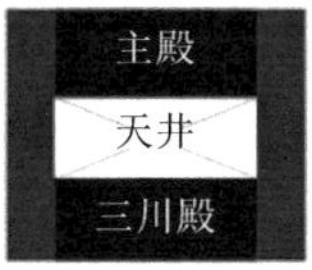 主殿 天井 三川殿 X0–2–(1)			
三殿			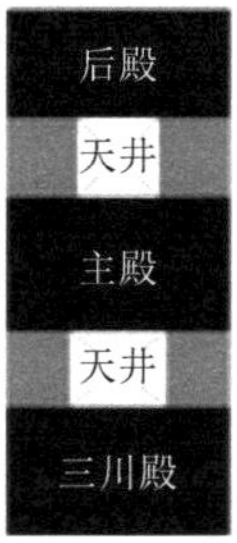 后殿 天井 主殿 天井 三川殿 X0–3–(2)	 廊殿 后殿 廊殿 天井 天井 主殿 廊殿 廊殿 天井 三川殿 X0–3–(3)	
多殿	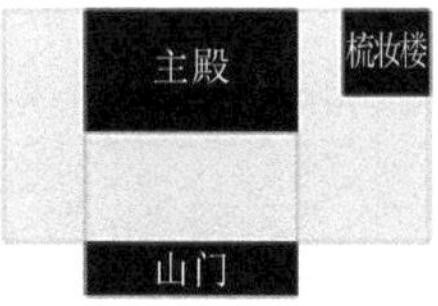 主殿 梳妆楼 山门 X0–4–(0)				

数据整合后，仅按拜亭数有无来进行统计（表 4–7、表 4–8），可以得出闽南妈祖宫庙平面组合拜亭及天井关系统计数量表（表 4–9）。

闽南妈祖宫庙平面组合拜亭及天井关系统计数量表　　表 4–9

类别	单殿式	两殿式	三殿式	多殿式	总计
有拜亭	Y–1 7 座	Y–2 23 座	Y–3 1 座	Y–4 2 座	33 座
有天井	—	18 座	1 座	2 座	21 座
无天井	7 座	5 座	—	—	12 座
类别	单殿式	两殿式	三殿式	多殿式	总计
无拜亭	X–1 6 座	X–2 10 座	X–3 2 座	X–4 3 座	21 座
有天井	—	7 座	2 座	—	9 座
无天井	6 座	3 座	—	3 座	12 座

从（表 4–9）可以看出闽南妈祖宫庙平面组合中宫庙建筑的进数、拜亭及天井的关系：在单殿式有拜亭和无拜亭的类型中，不存在有天井的空间布局。在两殿式中，有拜亭的两殿式共有 23 座，有 18 座带有天井，占比达 78.3%；无拜亭的两殿式有 10 座，有 7 座带有天井，占比达 70%，可见在两殿式的布局中有无拜亭都拥有七成的几率带天井。在三殿式的类型中，无论有无拜亭都必有天井，可以说，还未见到有不设置天井的三殿式妈祖宫庙。在多殿式的妈祖宫庙平面布局中，无拜亭的则没有设置天井，取而代之的是各个殿之间的大面积内埕，而有设置拜亭的主殿中，则必有天井。

综上可知，天井的数量与宫庙的进数和有无设置拜亭紧密相关，宫庙为单殿式时则没有天井，宫庙为两殿式时则大概率拥有天井，宫庙为三殿式时则必定有天井，宫庙为多殿式时，则天井数与有无拜亭紧密相关。总体来说不管几进式的妈祖宫庙，有拜亭的妈祖宫庙设有天井的可能性更大；而无拜亭的妈祖宫庙中，设有天井的概率则小于不设天井的。下面介绍几种典型布局。

第一种：Y1–1–(0)，即单殿式有拜亭无天井，形态“日”字形。

这种平面规模多为小型闽南妈祖宫庙，主要见于乡村聚落的境庙或野庙，即单殿带拜亭式。起初是单殿带轩形式，即在殿前延伸出入殿的空间，既是入殿前的缓冲过渡空间，也是充当拜亭让香客对妈祖顶礼膜拜之所。香客也常在轩下的廊内设桌案与香炉，若是空间不足，则会将膜拜空间往外移动，搭设临时棚，后来发展为直接去除轩，而搭建独立的拜亭。单殿式的拜亭只有一个，且没有内部院落，为级别较低的闽南妈祖宫庙所常用的空间形式，随着经济水平的发展，这类妈祖宫庙数量已经相对少见，如惠安县百崎回族乡白奇村圣母宫、小岞镇的头目宫庙、泉州蟳埔西头宫等为此类型（图 4–27）。

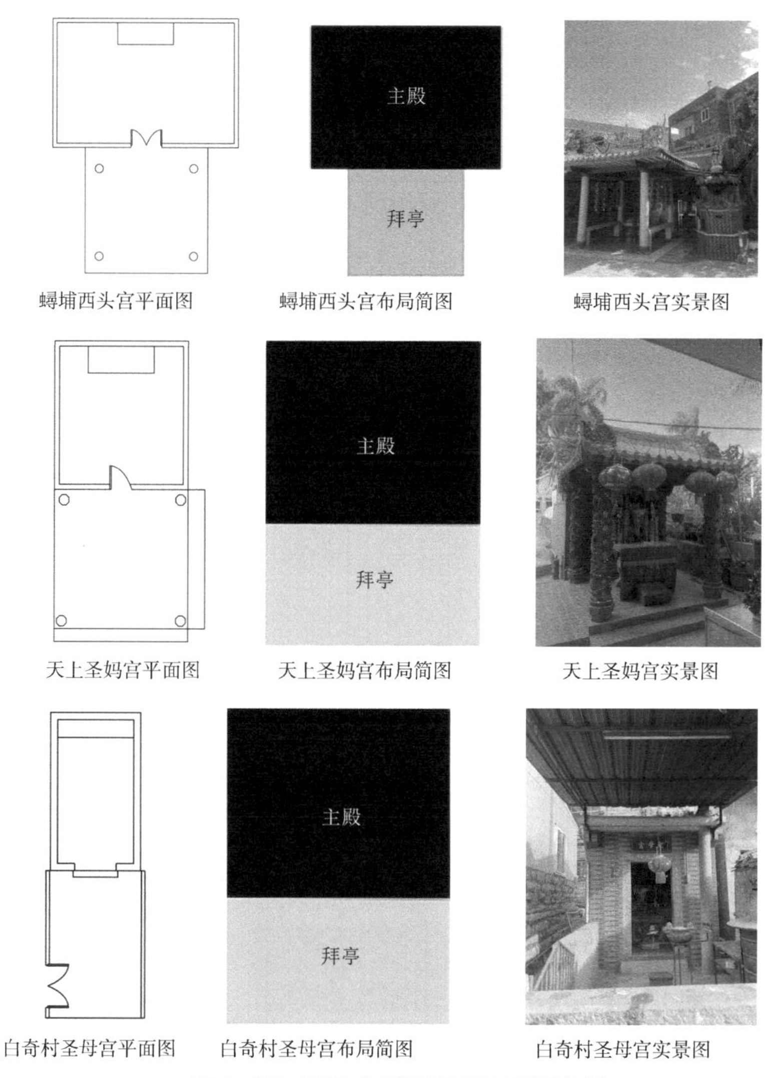

图 4–27　单殿式有拜亭无天井类型实例

第二种：Y1-2-(2)，即两殿式有拜亭双天井。

此类型是闽南妈祖宫庙建筑的典型，数量也最多。这种平面规模由前殿（三川殿）、拜亭、主殿三部分组成，拜亭四面敞开，面宽与正殿心间相同，连接前殿与正殿，成为主要的祭祀空间。拜亭两侧设有天井，有"龙虎井""日月井"之称。拜亭屋顶常常以单檐歇山或硬山造型呈现，屋顶侧向有小坡檐，天沟向拜亭两侧的天井排水，因此拜亭都会略高于天井。由于闽南地区多台风暴雨，遇到灾害天气，天井排水难以承受，因此许多宫庙又在后期加装可开合的透明塑料天棚，既保证采光又防止暴雨台风对殿内造成损坏。拜亭向主殿敞开，神龛正对拜亭，拜亭作为前殿和主殿的过渡空间为香客提供了舒适的祭拜空间。此类型的妈祖宫庙建筑，规模适中，既顾及了神灵的等级颜面，又考虑了宫庙所能提供的多样化功能，可以承担各种频繁的祭神活动，此外还能兼容足够数量的香客，建筑形制合理，因此颇受香客的欢迎。这类布局的妈祖宫庙，虽规模不如官属建筑大，但却香火旺盛，许多妈祖宫庙还成了当地百姓活动的中心，或是成为境主神庙。调研中如洛阳镇的龟峰宫、惠安后型妈祖宫、晋江钱塘圣母宫、蟳埔顺济宫、昭惠庙等众多宫庙都是此类型的代表，此类型在闽南地区的中小型妈祖宫庙较为常见，比较适应当地炎热多雨、风灾雨灾频发的气候特征（图 4-28）。

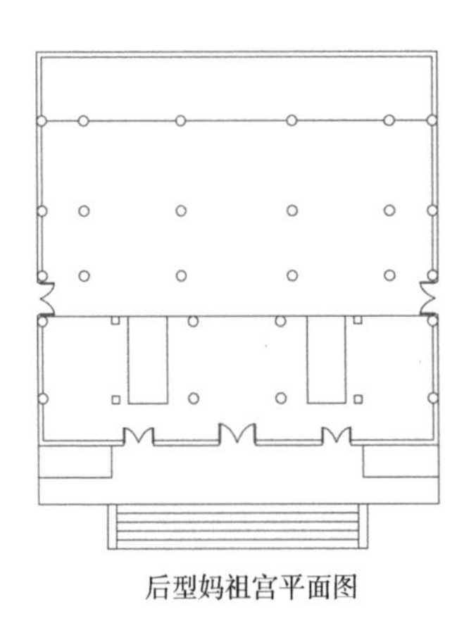

后型妈祖宫平面图

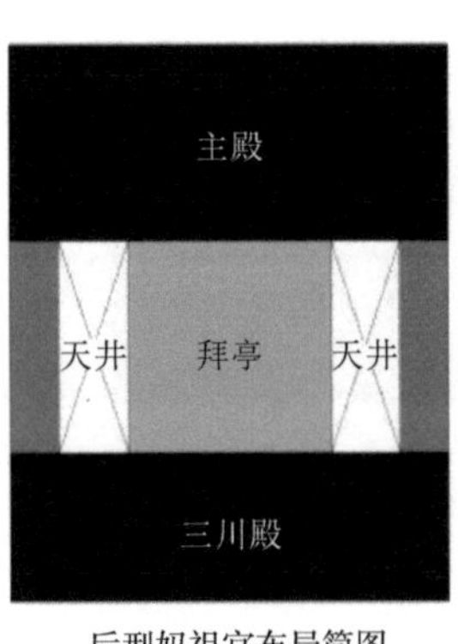

后型妈祖宫布局简图

后型妈祖宫实景图

图 4-28　两殿式有拜亭双天井类型实例

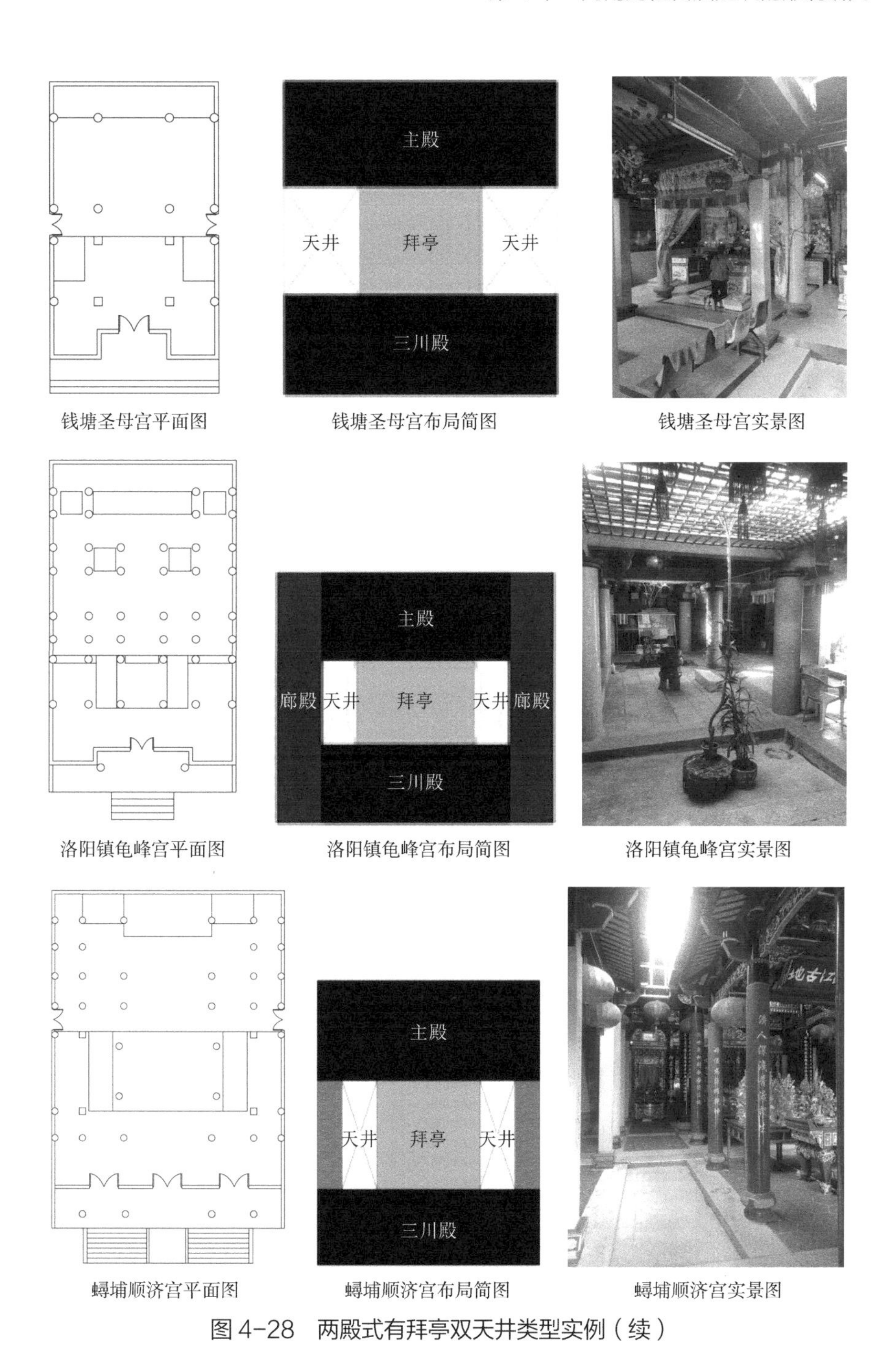

钱塘圣母宫平面图　钱塘圣母宫布局简图　钱塘圣母宫实景图

洛阳镇龟峰宫平面图　洛阳镇龟峰宫布局简图　洛阳镇龟峰宫实景图

蟳埔顺济宫平面图　蟳埔顺济宫布局简图　蟳埔顺济宫实景图

图 4-28　两殿式有拜亭双天井类型实例（续）

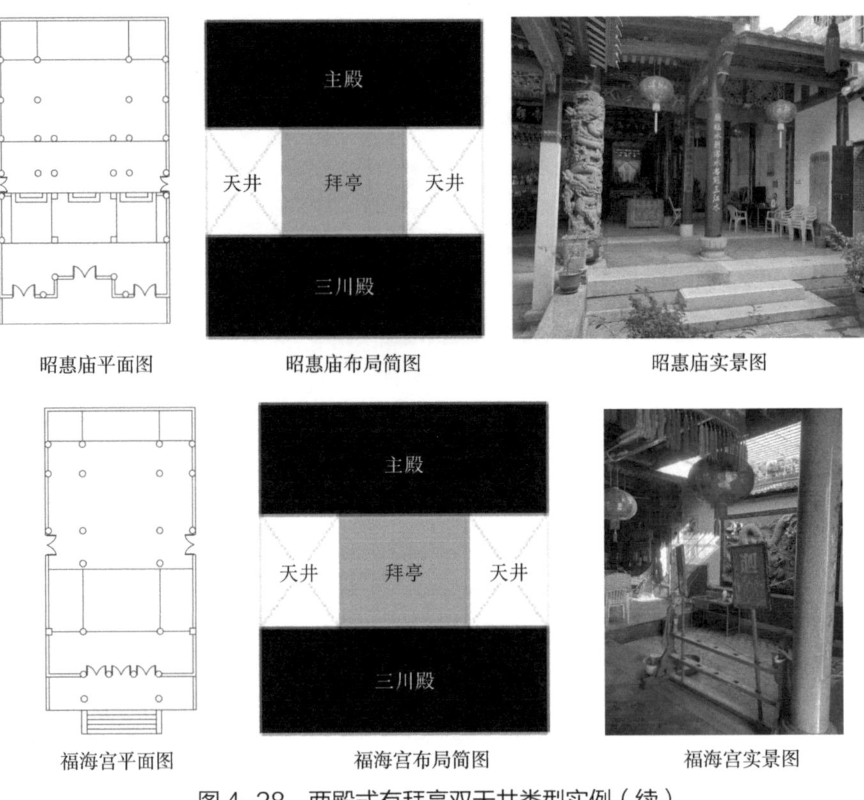

昭惠庙平面图　昭惠庙布局简图　昭惠庙实景图

福海宫平面图　福海宫布局简图　福海宫实景图

图 4-28　两殿式有拜亭双天井类型实例（续）

第三种：Y1-2-(1)，即两殿式有拜亭单天井。

Y1-2-(1) 与 Y1-2-(2) 的形式最大的不同之处，在于拜亭连接的对象，当拜亭连接前殿与主殿时，即出现 Y1-2-(2) 的形式，此类型拜亭提供祭拜的空间，主殿也提供祭祀的空间，因此拜亭成为三川殿与主殿连接的空间。但是从现场香客的拜神行为看，香客们往往都会先在拜亭祭拜后，再前往后殿神龛面前跪拜。而 Y1-2-(1) 的类型则是拜亭连接天井。三川殿与拜亭之间为天井空间，天井空间成为三川殿与主殿连接的空间，拜亭则包含在主殿之内，拜亭的前方为天井，天井前后开敞，与拜亭及主殿连接成连续的空间，中间不设屏障。主殿为主要的神灵供奉场所，三面围合一面敞开，面向拜亭，主殿的正封闭面，开间一般为三间或五间，都会设置为神龛，妈祖宫庙往往有主祀神和配祀神，因此很少会出现只有一个神龛的情况，有些宫庙的主殿三面都会设有神龛。拜亭虽作为主殿空间的过渡，但因为有单独的形态出现，依然可以对主殿进香的人流进行一定的引导，增加了主殿空间分区的合理性，避免过多的香客拥挤在主殿神龛前，提升祭拜空间的安全性。这类布局的妈祖宫庙并不常见，如厦门何厝顺济宫、惠安大岣妈祖宫等（图 4–29）。

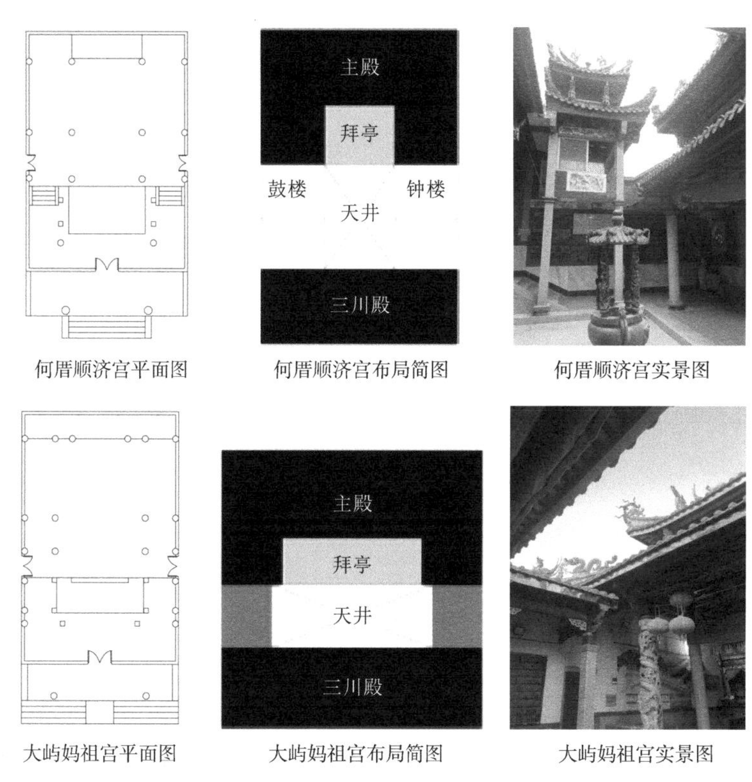

图 4–29　两殿式有拜亭单天井类型实例

第四种：X0–2–(1)，即两殿式无拜亭单天井。

闽南妈祖宫庙中，也有不设拜亭但却设有天井的情况，这类宫庙建筑形制皆为两殿式，与 Y1–2–(2) 的平面布局类似，只是将原本拜亭的位置改为了天井，而日月天井的位置能变为衔接三川殿与主殿的空间，虽然不设拜亭，却经常会在天井内设置香炉，将其用途改为内部拜埕，即便没有设置香炉，部分香客也会在天井内先驻足停留，若是雨季的时候则会从两侧绕开天井前往主殿祭拜。这种平面布局的妈祖宫庙较为常见，例如山透风山宫、埭上天后宫、赤土尾凤山宫等（图 4–30）。

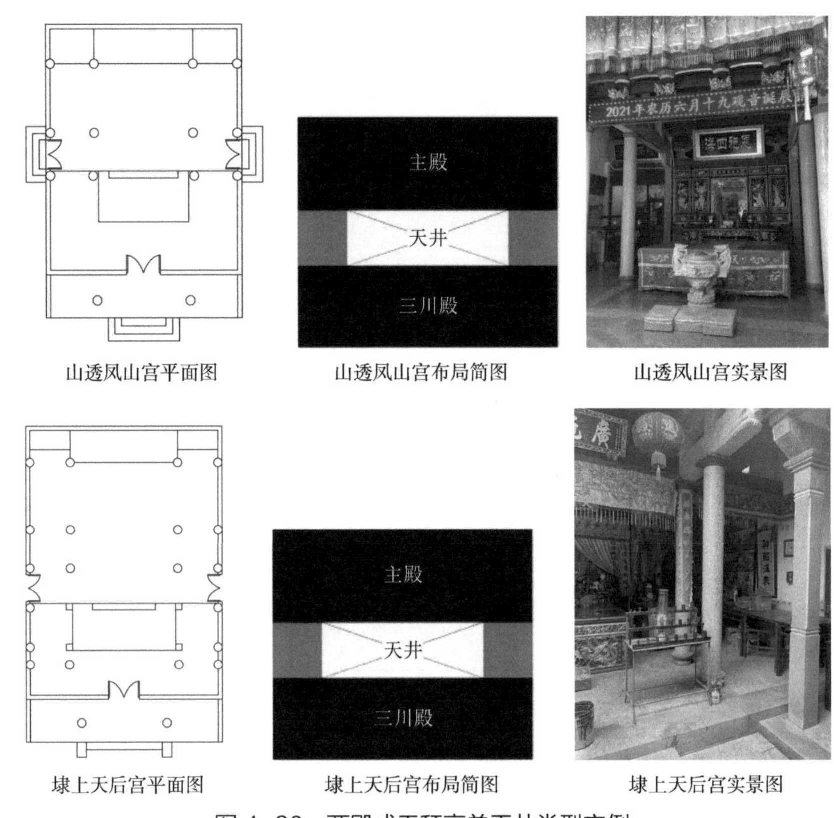

山透凤山宫平面图　山透凤山宫布局简图　山透凤山宫实景图

埭上天后宫平面图　埭上天后宫布局简图　埭上天后宫实景图

图 4–30　两殿式无拜亭单天井类型实例

第五种：X0–4–(0)，即多殿式无拜亭无天井。

不设拜亭的闽南妈祖宫庙往往规模较大、形制较高，以多殿式为主，这类妈祖宫庙没有天井但却都以大面积的前埕空间进行殿之间的连接。两侧为侧殿或侧廊，中轴线上依次为山门、院落、正殿等重要建筑，两侧分置厢房、廊庑等附属建筑，并围合形成院落。大型的妈祖宫庙如天后宫，在中轴线上还存在寝殿、梳妆楼等建筑。正殿提供祭拜神明的功能。有些妈祖宫庙会在主殿结构上增设拜廊，例如泉州天后宫。进深大于开间，增大了祭拜空间。

无拜亭的多殿式妈祖宫庙，从坡面上看，呈现逐步增高的趋势，后埕的地面比前埕高，建筑单体的台基也随之增高，后殿的高度也通常高于主殿，层层递进的布局营造出了渐进的空间序列，显得庄严崇高，同时也和多雨水的自然因素有关，从前往后逐步增高的形式也更利于雨季排水通畅。这类妈祖宫庙也多为官属或地方商贾富甲出资兴建，建造时财力充足，从而在建筑等级、艺术价值等方面都会相对较高。此类型的代表海神宫庙如泉州天后宫、惠安旧潮显宫等（图 4–31）。

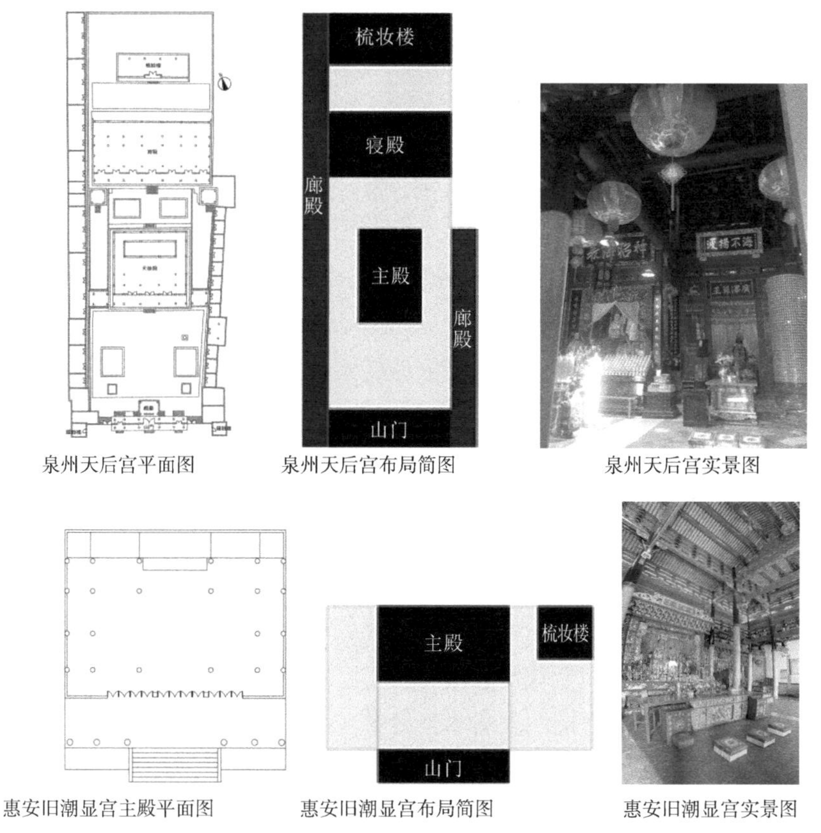

泉州天后宫平面图　泉州天后宫布局简图　泉州天后宫实景图

惠安旧潮显宫主殿平面图　惠安旧潮显宫布局简图　惠安旧潮显宫实景图

图 4–31　多殿式无拜亭无天井类型实例

第六种：X0–3–(2)，即三殿式无拜亭双天井。

此类型较为少见，在案例中仅有银同天后宫是三殿式且不带拜亭的，并且设有双天井，这也是在调研案例中仅有的后殿为父母殿的宫庙建筑布局（图 4–32）。

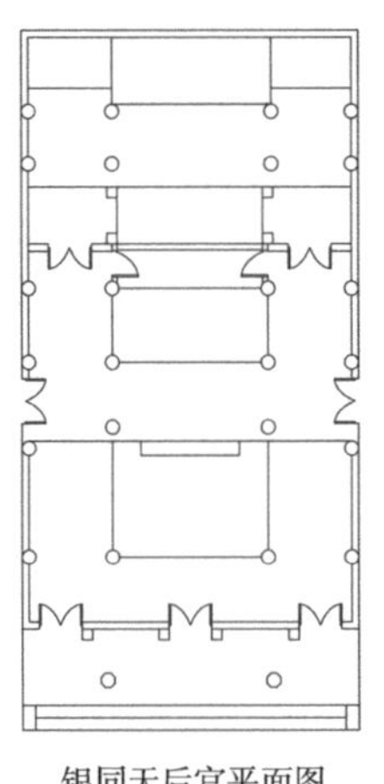

银同天后宫平面图

银同天后宫布局简图

银同天后宫实景图

图 4-32　三殿式无拜亭双天井类型实例

4.3.2　闽南妈祖宫庙附属空间组合关系分析（以戏台空间为例）

戏台，在闽南妈祖宫庙中是必不可少的元素。笔者在实地走访中发现闽南妈祖宫庙设戏台的较为普遍。由于戏台服务的对象是神灵，因此戏台的朝向就显得尤其重要。戏台的设置一般位于主殿前方，隔着中埕，与主殿遥遥相对，正对着神殿神明的目光，让神明尽情欣赏，但也有因地形所限而出现的特例。

戏台可以分为固定戏台和临时戏台两种。临时戏台一般配合的多为小规模的宫庙。而固定戏台则一般只有占地较广、规格较高的官属宫庙或是香火旺盛、香客众多、重金打造的大庙才会设置。由于妈祖宫庙源自民间，因此即便新修的妈祖宫庙越来越多，也很难再出现官属宫庙的规模，固定戏台越来越弃奢从简。如今城市里寸土寸金，加之维护成本高，很难再出现规模宏大的宫庙。类似泉州天后宫山门与戏台连同建造的情况更是罕见。新落成的宫庙，基本都以两殿式为主，且戏台绝大部分都是单独建在宫庙之外。这些戏台也会因地制宜产生不同的选址与朝向。

通过实地调研发现，戏台大多建在宫庙正殿的对面，但是也并非都严格处在中轴线之上，略微偏离轴线的占了多数，但基本还是算正对主殿。对调研中出现的各类戏台分布进行统计，可以得出戏台朝向的四类情况，包括：正对式；斜对式；直角式；逆朝向式（表 4–10）。

闽南妈祖宫庙的戏台朝向类型与实例　　表 4–10

朝向	区分条件	示意图	实际案例
正对式	妈祖宫庙正殿方向与戏台相对		厦门天上圣妈宫正对式戏台
斜对式	妈祖宫庙中轴线与戏台中轴线相交		晋江钱塘圣母宫斜对式戏台
直角式	妈祖宫庙中轴线与戏台中轴线垂直		美山天妃宫直角式戏台
逆朝向式	妈祖宫庙正殿开口与戏台相同或戏台远离正殿，隐匿于其他空间		隐藏在幼儿园内的青辰宫戏台

正对式：正对式戏台是最为理想的布局，主要为宫庙中的神明们提供了直视的观赏角度。例如厦门思明区仓里昭惠宫，其门前无拜亭，站在庙门口

向戏台望去，戏台台口正对着宫庙主殿大门，但戏台一般距离宫庙大门有数十米远，虽然距离较远，但信众们坚信神明的法力无边，只要心诚献礼，神明是可以观赏到演出的。这也体现妈祖信俗作为民间信俗易于操作的特点，信众们虽然敬畏神明，但也操作灵活。

斜对式：斜对式戏台的朝向特点一类是神庙中轴线与戏台的中轴线相交。斜对式戏台即便不能正对神庙，也都尽量朝向宫庙主殿的方向，旨在表明献演行为的虔诚。但是这样的戏台设置，往往会给现场观看的信众带来不便，看到的戏台画面也是倾斜的，在演出的时候，演员的表演面向神庙，而观众的座椅则都随着演员的朝向也摆成了倾斜的状态。另一类斜对式戏台，其台口朝向与宫庙大门朝向错开，看似正对主殿，但已经不属主殿正前方范围，轴线并没有与主殿的中轴线相交。

直角式：直角式戏台的中轴线与宫庙主殿的中轴线呈 90 度直角，戏台台口的朝向不朝宫庙的主殿靠拢，是斜对式的一种极端，倾斜角度已达 90 度，不能归属于倾斜式，这类戏台的布置受地形影响因素较大，在调研的案例中并不多见。

逆朝向式：此类戏台与戏台面向神明的主要特点相反，称作逆朝向式戏台。逆朝向式戏台有两种类型，一类朝向特点是戏台台口方向与妈祖宫庙主殿开口方向一致，二者处于同一水平线上。另一类是远离主殿，甚至是不在一条街上的情形。例如闽南漳州市的笃厚武当宫，又名笃厚祖宫，祀奉海神玄天上帝。其主体建筑富丽堂皇，凸显其宫庙的重要，但环顾四周，却不见戏台。笔者经当地人指点才发现马路对面临街商厦一层的店铺之间有条通道，写着“塔后社”，穿过这条通道，终于发现一座藏在商厦后的戏台，戏台前有许多农贸货摊，需要演戏时则会将其撤下换上椅子。这样的布置显然与戏台主要为神明服务的目的不符，为看客服务的目的似乎多于为神明服务的目的。但事实上，这类宫庙正殿不正对戏台，与主殿相平行的戏台，信众们有着自己的解决方式：在观众第一排的前方摆几张空凳子且不许人坐，这是信众们为神明准备的神位，这也是一种象征性的仪式，可见妈祖信俗作为民间信俗有着非常灵活的民间生态。

第 5 章

闽南妈祖宫庙建筑的营造装饰特征与文化流变

闽南地区深厚的海洋文化底蕴和内涵，以及妈祖信俗在闽南当地社会的教化意义和人文特性都集中反映在了妈祖宫庙建筑的营造装饰特征上。妈祖宫庙建筑的营造装饰特征，集地方建筑装饰工艺之大成，展示了民间信俗类建筑丰富多彩的地方色彩，装饰手法和题材多样且相互影响。同时，随着海外移民的增长，妈祖信俗文化也随之传播到海外，在全球多地都有现存的妈祖宫庙，体现了闽南海洋文化在世界的传播，是闽南妈祖宫庙建筑的文化流变的力证。

5.1 闽南妈祖宫庙建筑的营造装饰特征

5.1.1 闽南妈祖宫庙的立面造型特征

闽南妈祖宫庙建筑主体建筑立面采用了大量的闽南红砖建筑，与闽南民居相似，极具特色。

闽南地区红砖建筑的起源至今尚未有定论，推测应与海洋文化密切相关。根据近年来考古发掘发现，红砖建筑早在宋代已经在闽南得到一定程度的推广与应用，并于明末在闽南地域广为流行。红砖建筑分布范围以泉州为中心，大致包括今晋江、九龙江两大平原区域及其沿海岛屿。

红砖建筑为砖、石、木结构，外部材料为红砖、白石，内部以木构架为主。以红砖为封壁外墙，以花岗石加工的条石为勒脚和墙裙，红砖与白石形成强烈的色彩对比。“出砖入石”便是红砖建筑独具特色的墙体形式。另外，屋顶铺设的红板瓦、红筒瓦及室内的红地砖等，都体现了闽南建筑的红砖文化特性。在此基础上，闽南妈祖宫庙为红砖建筑带来了更多的海洋文化元素，建筑显得更加灵动，既有红砖建筑的稳重，又有海洋文化的自由气息。

闽南妈祖宫庙建筑除了有红砖红瓦外，还有更为丰富多彩的红砖装饰与纹样，显得尤其特别。其特有的空斗墙体，以红砖组成万字花、海棠花、菱形、六角形、八角形等各类纹样，精致美观。还有的则是以红砖砖雕呈现，底子填白灰，形成红白相间的壁画装饰。闽南妈祖宫庙的外墙窗口较小，常用青石或白石做窗框，条石竖棂，有的还雕成竹节窗、螭虎窗等。宫庙内部多采用穿斗式木构架，与闽南民居极为相似。

5.1.2 闽南妈祖宫庙的屋脊营造及装饰特征

闽南妈祖宫庙的屋顶构成形式与闽南传统民居的屋顶皆为双向曲线，即屋面是曲线，屋脊也是曲线。屋面的曲线平缓柔和且富有韵律，到了曲线的中点后开始慢慢向上翘起，曲度舒缓自然，令人惊叹。屋顶的正脊也大多为弧线或是曲线，两端翘起呈燕尾状，是闽南建筑屋顶的一大特色，燕尾脊显得建筑屋顶轻盈且有活力。在双曲屋面上覆盖板瓦或筒瓦，或两者兼用做成双层架空式，也有在板瓦屋面的两端覆盖筒瓦的做法。屋面的筒瓦和檐口的垂珠是闽南沿海民居的特色之一。筒瓦等级较高，大多用于庙宇、祠堂、官宅，因此闽南妈祖宫庙的屋顶也大多用筒瓦。闽南三地的屋面略有不同，泉州地区，常见将筒瓦铺设整个屋面，在檐口的花当头和垂珠组合成波浪状，错落起伏极富节奏感。泉州南安一带有板瓦屋面、筒瓦做边的做法，即在靠近垂脊处铺设三道或五道筒瓦，其余为板瓦屋面。在厦门和漳州地区，则多使用板瓦。

闽南民居的屋顶多为硬山式和悬山式。沿海民居较多采用硬山式，可防止台风侵袭；悬山式便于挡雨，在内地山区民居采用较多。除了屋面做法不同外，屋脊上的曲线也因弯曲的程度而有所不同，不过同一个区域的做法都是一致的。另外，闽南民居的屋脊也颇有特色。屋脊为燕尾式或马背式，尤以燕尾脊独具特色。燕尾脊俗称“燕子尾”，即屋顶正脊向两端延伸超过垂脊，向上翘起，在尾端呈燕子尾状分岔，有轻盈飞动之势。有些燕尾脊上还会安装龙吻作为装饰。

“三川脊”也是富有闽南风格的屋顶形式，一般用于庙宇的前殿（三川殿）及祠堂、民居的门厅。其做法是将硬山或悬山屋顶的正脊分成三段，明间的屋脊抬高，并于两侧加垂脊，形成中间高两侧低的“山”字形，并出现四个燕尾，使屋面主次分明而富有变化（图 5-1）。三川脊屋顶是将硬山和悬山屋顶的正脊分成三段，形成正脊中间高、两侧低的脊式。中间高称为中脊或中港脊，两侧形成较低的小港脊。闽南地区将这种明间屋脊高于次间屋脊的屋顶形式称为假迭顶双尾燕尾脊，这样的脊式常被运用于宫庙建筑的大门、前殿。

图 5-1　三川殿屋顶样式

通过分析闽南古民居的屋顶形式，可见闽南妈祖宫庙特殊的屋顶形式及文化现象。

一是闽南妈祖宫庙屋顶形式体现深刻的群众阶级意识。妈祖宫庙包括门厅、戏台、拜亭、主殿等建筑，屋顶的形制是最能代表建筑等级的元素之一，闽南妈祖宫庙的屋顶形式使用谨慎，不得有僭越的情况出现，可见闽南社会的思想观念是非常重视伦常礼制的。同时在妈祖宫庙中不见庑殿或重檐庑殿的踪影，也体现了民众对君主权威的尊重，这也和闽南地区少有皇权建立的历史有关①。

二是闽南妈祖宫庙屋顶形式保留古风。宋末以后，中原地区官式建筑的屋顶形式被用到了闽南妈祖宫庙上，例如三川脊与假四垂顶，属于南宋时期的屋顶形式，宋朝后官式建筑已经很少使用，却在闽南及台湾一带流行。而"断檐升箭口"屋顶，原为唐宋时期使用，民国时期才在闽南一带流行。之所以在建筑屋顶形式上保存唐宋以来的风格，主要是因为宋代大量的仕人匠师随移民潮南迁此地，带来了建筑技艺和建筑形式，同时较为封闭的地形也为宋末建筑形式的保留提供了有利条件。

重檐假四垂是一种将两座屋顶上下重叠的技巧，将歇山顶加在硬山顶之

---

① 在南越王之后，闽南地区几乎没有因自立王朝而与中原政权发生争战。

上，且歇山顶的四柱垂接于通梁。重檐假四垂屋顶形式除了更具反复的脊线以及承载高密度的装饰外，上、下檐间露出木结构斗拱的部分，可以更好地解决通风与采光的问题。后来又发展为将重檐假四垂下方的硬山顶改为歇山顶，成为“歇山假四垂”，与重檐假四垂相比[①]，又多了更多的脊线。之后又出现下檐堆垒数层的歇山、硬山或断檐升箭口，以求屋顶看起来高大华丽。厦门和漳州两地的妈祖宫庙也有此类样式出现。

闽南妈祖宫庙建筑，在屋顶形态上给传统式样增添了无穷变化，如三川脊、断檐升箭口、假四垂等特殊屋顶（图 5-2），这些屋顶除了显示出鲜明的地域风格外，还有一个共同的特点就是增加了更多优美的脊线，将曲线悠扬的南式屋顶演绎得惟妙惟肖。这些丰富多变、华丽精美的屋顶形式都是以前官式建筑上不曾看到的，一直到清末以后在闽南和台湾地区才开始出现，更显示了闽南地区居民勇于创新、追求华丽的心态；同时大量规模较大且形式精美华丽的海神庙屋顶形式出现，也从侧面反映出当时闽南社会经济发达的客观现实，信众们才得以耗费财力物力精心雕琢妈祖宫庙。

图 5-2　闽南妈祖宫庙建筑屋顶形态

闽南地区民间信俗宫庙建筑极其发达，宫庙建筑不追求宏大叙事，以精雕细刻取胜，装饰极为繁复，因民间信俗的丰富性，导致宫庙呈现繁复多样的特征，屋脊装饰为甚。对闽南妈祖宫庙建筑更是不遗余力精雕细琢，官修庄重，民建俏丽，加之海神妈祖为女性神的缘故，其建筑装饰尤其精美秀丽，几乎所有妈祖宫庙都会打造得美轮美奂，尤其体现在屋脊脊饰艺术，脊

① 王永志，唐孝祥．论闽、粤、台庙宇布局及屋顶形式 [J]．中国名城，2012(11):7.

饰装饰往往极尽华丽绚烂。

闽谚有云:“庙斜神兴，厝斜人贫。”为了“神兴”的需求，斜陡的屋坡、曲折的线条成为闽南妈祖宫庙建筑的一大特点。这样的点、线、面纵横交错，高低错落，形成复杂的装饰构架，成为各种精巧装饰的落脚点，因此各种脊线、脊堵、牌头和翼角等构件出现，使结构、材料和色彩在此交集，将造型意境汇聚于此。因此可以说屋脊装饰艺术是闽南妈祖宫庙营造装饰的代表。闽南妈祖宫庙建筑的屋顶多为歇山式，屋顶的组合方式多样，形成层叠有趣的轮廓线，其造型连正脊都做成了很大的曲线，屋脊上多塑有人物、动物、花卉、鱼鸟等生动逼真的彩瓷图案。脊饰突出显示出工匠灵巧的手艺，优美绵延的建筑屋顶轮廓线，展示出妈祖宫庙神秘而浪漫的色彩。其特有的剪黏工艺，即用彩色碎瓷片黏贴在灰泥上拼成各种色彩艳丽图案的装饰方式，将屋顶塑造成一个异常热闹的装饰体系，也诉说着民众对海神虔诚的信俗。

闽南妈祖宫庙的屋脊属于传统的宫庙屋顶形态，以歇山顶的形式进行分析，可对其屋脊进行区别，分别是正脊、垂脊、戗脊，各自都有不同的营造装饰艺术特征，同时脊兽、八仙、瓦当与滴水等细部装饰，更是体现了闽南妈祖宫庙技艺高超的屋脊装饰特征。

①正脊。传统宫庙屋顶前后坡相交的顶端叫正脊。闽南妈祖宫庙建筑的屋顶正脊大多呈曲线，脊角起翘显著，使屋顶与天空有一个优美的过渡弧线，轻盈灵动，从而在视觉上一改正脊呆板僵硬的感觉。屋顶正脊两端线脚向外延伸的同时还分叉为二，样子与燕尾极似，“燕尾脊”就此得名。燕尾脊与山墙尖的接角处称为印斗，或脊头，跃动的鲤鱼、龙首爬狮、神仙道人也都是此处装饰的主要内容，最为常见的印斗形象是花团锦簇的。燕尾脊在闽南宫庙建筑中代表着神圣崇高的地位。比起一般正脊的表现方式，三川脊式的屋顶则是更为丰富的正脊表现。由中港脊和两侧小港脊（三川脊中的左右两条脊）共同组成四条曲线上举的燕尾，于视觉上更觉飞扬灵动。

在正脊的正中，称为龙口，龙口上常看到有重点脊饰，称作“脊刹”。皇家殿堂一般没有脊刹，妈祖宫庙建筑却对这个位置进行重点装饰，装饰的题材极其丰富，包括神仙、龙凤、宝瓶、宝珠、宝塔等，成为整个屋顶的装饰中心。在脊刹的底部有时候还会记录宫庙建造的年代。闽南妈祖宫庙本身具有海洋文明的浪漫飘逸气质，在脊刹两端，正脊之上总有造型多变的龙、鱼、凤等形态。正脊与三川脊多用双龙相对，以及护卫中间的火焰宝珠、宝塔、葫芦等。

正脊与屋瓦的垂直结合面被称为脊堵。脊堵的正面经常会呈现雕刻精细、题材丰富的内容，有飞禽走兽，有人物故事，有牡丹凤凰，也有双龙戏珠。在脊堵的背面和侧面则一般搭配花鸟的装饰（图5–3）。脊堵的刻画常带有故事性，如八仙各乘坐骑在浪花里穿行，散发多福的寓意。或是有花草、麒麟、蝙蝠、水族类和祥瑞祝语，甚至是图案化的内容和彩瓷拼贴而成。也有的脊堵做成镂空状，称作“花窗脊”，用砖条勾勒成各种镂空图案，或直接以空透的花砖砌成。在台风盛行的闽台地区，这些镂空、透气的脊堵不仅能降低风压，还起到美化装饰的作用。

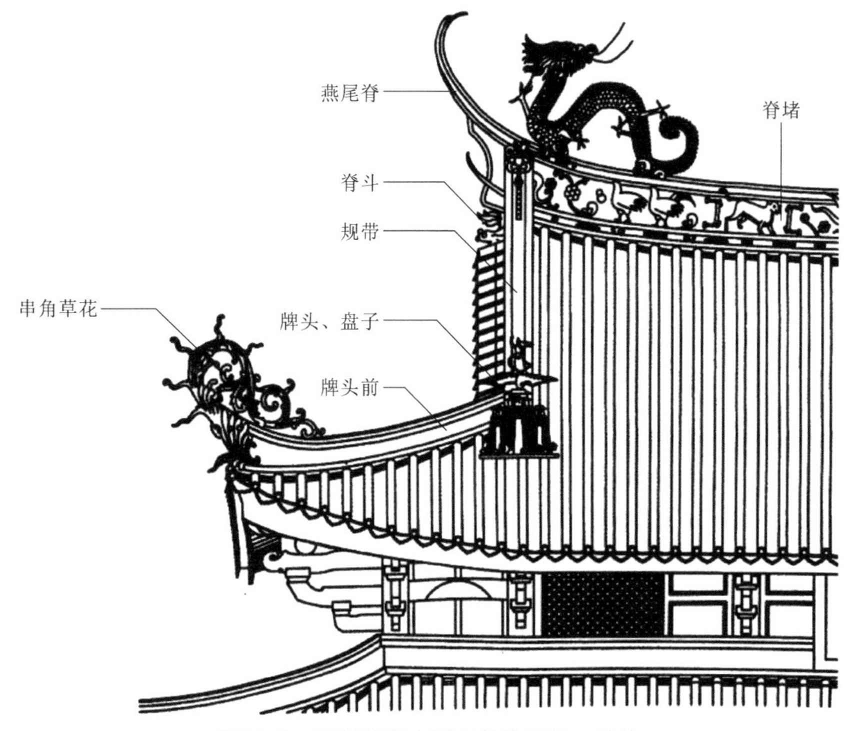

图5–3　厦门福海宫屋顶装饰正脊、牌头

②垂脊与戗脊。垂脊是正脊两端沿着前后坡向下的四条屋脊。戗脊是歇山顶中垂脊下端延伸至屋檐部分的两个斜屋面交界处，它们都和正脊一样起到压住屋顶的作用，形成屋面的主要线条。闽南妈祖宫庙建筑的垂脊和戗脊上可堆塑或直接安置陶制的花、鸟、兽或人物。闽南常将狮头造型做在垂脊，犹如从狮口中吐出一般，蜿蜒而下，而在垂脊的末端，则变成轻盈精细的卷草或者龙凤装饰（图 5-4、图 5-5），显得轻巧舒展，或者加入牌头装饰。

图 5-4　惠安霞霖天后宫戗脊卷草装饰

图 5-5　妈祖宫庙屋顶戗脊卷草装饰

牌头在垂脊最下方呈对称排列。三角形硕大的牌头为闽南和台湾地区的宫庙独有，有些牌头还塑有展翅高飞的凤凰、腾云驾雾的龙和飘带飞扬的仙人，显得动感十足（图 5-6、图 5-7）。因为追求对称，都是成对出现，在三川殿的四条垂脊下四个牌头显得十分突出，若是场景化的牌头，一般安排文戏、武戏的场面，闽南人讲求左尊右卑，无论文戏或者武戏，都是年代久远的故事场景放置在左边，较近的在右边。

③脊兽。各条屋脊上所安置的兽形和人物，在不同地区有不同的称呼，如鸱吻、鸱尾、跑兽、走兽等，被统称为“脊兽”。在正脊两端的称为正脊兽，在垂脊和戗脊的称垂兽和戗兽。重檐屋顶下的下檐围脊在转角处有合角吻兽。这些脊兽的装饰在明清时期以后形成定式，在数量和造型上均成为体现建筑等级的重要标志。

闽南妈祖宫庙建筑的脊兽非常灵动活泼，极具地域特色。闽南宫庙建筑正脊常在脊刹处造火焰宝珠和七层宝塔，有时候也会见到葫芦和福禄寿星等。在燕尾处则会设置龙的形态装饰，包括双龙戏珠、双龙戏塔等栩栩如生的造型，例如厦门福海宫，不仅有龙的装饰，还有凤凰的装饰，有的还有鳌鱼和仙鹤的形态。也有的宫庙脊饰运用人物题材，前殿和拜亭有财子寿、天官赐福、麒麟送子等题材，有时天官赐福和财子寿甚至背靠背，一前一后立于脊顶正中，天官的神格大于财子寿，所以天官摆在正面正脊正中央，面对庙外，财子寿背靠天官，摆在背面正脊中央，面对庙里。脊兽的比例往往突出，许多妈祖宫庙主体不大，但龙形脊兽却很夸张，形成醒目突出的视觉效果，龙飞凤舞、腾云驾雾、仙人飘摇，妈祖宫庙特有的海洋文化及信俗氛围被渲染得活灵活现，垂兽和戗兽常出现的表现内容则是龙、凤、麒麟、鳌鱼。

图 5-6　厦门青龙宫牌头

图 5-7　厦门福海宫牌头

④八仙。在闽南妈祖宫庙建筑中偶尔发现正面屋坡靠近檐口部位的瓦面上还偶见长条八仙人物造型，被匠师们简称为“八仙”。这个部位的装饰在各地宫庙建筑上都很罕见，出现的年代较晚，通过对闽南地理位置和自然条件的分析，可见闽南台风频繁，常会掀瓦，八仙不但起到一定的压瓦作用，还丰富了感官效果。八仙几乎只见于闽南妈祖宫庙这类传统民间信俗的宫庙，如厦门曾厝垵的福海宫、湖里区的惠济宫、安兜社的青辰宫都有八仙降临的装饰，增添吉祥喜庆的气氛。其中厦门湖里区安兜社的青辰宫的八仙最为精致，其正脊的脊刹处为龙王吐海的形态，龙王嘴里吐出波涛汹涌的海浪，顺流直下至屋檐处

汇聚成八仙过海的海浪，构思巧妙，惟妙惟肖（图 5–8）。

图 5–8　青辰宫八仙与龙王吐海

⑤瓦当、滴水。瓦当是屋檐筒瓦头的特定部分，在屋顶筒瓦的最前端起到固定、美化屋面轮廓和庇护屋檐免遭雨水侵蚀的作用。在传统建筑中瓦当与滴水在檐口相间排列，配合使用，也是屋顶视觉焦点之一，所以除了起到防止屋瓦下滑、保护檐头的作用外，也是装饰的重点。瓦当大小并无定数，一般庄严的官属大庙以琉璃黄瓦、绿瓦于檐口装点，民间信俗的庙宇则以灰塑泥坯、朴素黑瓦收口，但也有如莆仙地区的妈祖宫庙，屋顶常可见檐口的瓦当有丰富多样的形态，整排瓦当在两侧起翘的屋角上以传统圆形瓦当收口，中段部分则变化成方形彩瓷砖。还有的宫庙在中段的瓦当中以小型陶制人物故事收口，覆以玻璃，一瓦一故事，传达出丰富的思想内容。

闽南妈祖宫庙的屋顶脊饰不仅色彩鲜艳夺目，细节刻画上更是栩栩如生，内涵丰富，制作精美。宫庙屋顶上的每一个结构部位都被精妙地设计，赋予充满想象力的造型。每个交汇的节点都以装饰件巧妙装饰。这些各式各样的造型让观者感叹闽南妈祖宫庙建筑脊饰装饰的精彩绝伦，充满缤纷的视觉观感体验，更重要的是这些装饰表现出的内涵寓意，能感染观赏者的内心，并产生对妈祖信俗的虔诚与感动。闽南妈祖宫庙屋顶装饰不同屋脊部分的艺术装饰类型大致可以分为飞鸟走兽题材、植物题材与人物题材。

①飞鸟走兽题材。其中以龙凤最为常见（图 5–9）。龙为四灵之首，其形态千变万化，屋脊上龙的姿态万千，有飞龙、立龙、倒龙、盘龙等区别，

或腾云驾雾，或鼓浪激雨；或缠绕往复，或回旋游走；或两两相对，或九龙盘旋，变化多端。龙素来是镇邪激水的寓意，因此被大量应用在民间宫庙上，以防火灾。凤凰则是百鸟之王的化身，作为古代社会最高贵女性的代表，凤凰在妈祖宫庙的屋脊装饰上较为常见，显示出妈祖的高贵华丽。此外，妈祖信俗文化的重要海洋性特征体现得淋漓尽致，很多象征海洋的鱼、虾、蟹、贝等海洋生物的装饰物造型，另外还有麒麟、象、狮、虎、鹿、羊、骡、豺等被称为八瑞兽的装饰物造型。狮子为百兽之王；象为南越大兽，寿命极长，且象同“祥”，比喻好景象。狮、象在道教中被视为吉祥和太平的象征，在民间信俗也是如此。摆放上遵循东尊西卑，因此狮东象西，鹿代表禄，羊同“阳”，古同“祥”字，也寓吉祥，并带有驱邪之意。

惠安獭窟妈祖宫屋脊装饰

晋江东石龙江澳天后宫屋脊装饰

厦门福海宫屋脊装饰

晋江林格真武宫屋脊装饰

图5-9　闽南妈祖宫庙上的屋脊装饰

②植物题材。其中花草常见菊花、牡丹，分别象征长寿与富贵。牡丹、月

季、荷花是常常用来体现妈祖女性特征的装饰，造型优美的唐草纹，曲线优美，灵活多变，可以自由组合成各种富有装饰意味的纹样，同时寓意延绵不断。另外平安的象征物就是花瓶。植物装饰体现了古代社会所提倡的高贵品德。

③人物题材。有非常多的符合“三纲五常”教化意义的民间故事被当作妈祖宫庙的使用题材加以表现。三国演义、杨家将、八仙等都是庙顶出现过的常见主题。妈祖宫庙中常常以妈祖的故事或者二十四节气为题材。同时妈祖宫庙普遍位于水系边，因此常常可见与大海有关的戏文与人物塑像，如八仙过海、哪吒闹海等主题。

闽南妈祖宫庙建筑屋脊装饰的文化内涵深厚，装饰内容丰富多彩，蕴含着千百年来人类对吉祥幸福的祈愿。这些屋脊装饰不仅发挥着建筑架构的作用，还体现了闽南地区深厚且特有的海洋文化背景及民俗文化。闽南妈祖宫庙的屋脊装饰尽显民间信俗宫庙建筑平易近人的特点，营造出一派人间仙阙、众神济济一堂的美好景象，让人心生愉悦而乐于接近，拉近了信众与神灵间的距离。通过对屋脊装饰艺术的运用，增强了参拜者的笃信心理，强化了其信俗的功能性目的。

5.1.3　闽南妈祖宫庙的龙柱营造装饰特征

闽南妈祖宫庙装饰元素中，最常见的就是龙的形象。无论建筑外的屋脊、墙壁，还是室内的梁架顶棚，都有龙的身影。在众多龙的装饰元素中，最引人注目且最具特色和艺术造诣的，就是龙柱。闽南妈祖宫庙之所以有大量龙柱的存在，与闽人对蛇的崇拜有关，多信奉蛇神为祖先之神，至今福建仍有很多地方保留着与蛇信俗有关的民俗活动。而传说龙是由蛇的主体演变而来的，作为中国传说中的图腾代表，龙也是历史长河中多种思想结合演变的产物，使其转化成为特殊异能的图腾，进而受到人们的信俗和崇拜。在闽南妈祖宫庙建筑的三川殿、正殿、后殿都会有龙柱分布，精雕细琢的龙柱是妈祖宫庙中最为夺目的细节之一，材质上显得磅礴大气，工艺上又显示出巧夺天工的细腻，作为重要的装饰之一，其象征性也不断强化，龙柱的数量与形态也代表了神祇神格地位，越高规制的妈祖宫庙，其龙柱的雕刻工艺越精美、龙柱的数量也越多。同时龙柱还代表了香客信众们对神明的虔诚以及对生活的美好祈愿。

龙柱的材质与结构：早期的龙柱大多采用木质结构，这与传统建筑多为木构有关。木构龙柱虽然易于刻画但缺点也很明显，闽南地区潮湿多雨，木质结构的龙柱极易发生虫蛀和潮变，龙柱的承重力和美观度都大受影响。随着经济的发展、宫庙建筑建造材料日益进步，木构龙柱逐步被石雕龙柱取代，石雕龙柱不仅不怕潮湿虫蛀，还不惧火烧且更为坚固。石雕龙柱的石材大部分以福建省泉州市惠安县一带的花岗石和青斗石为主，大多是花白色花岗石和青绿色青斗石，用这两类石材雕刻的龙柱又称“白龙”和“青龙”。

龙柱的结构由下而上可分为柱础、柱身、柱头。

①柱础。在早期木构龙柱中，柱础的最大作用就是防止地面的潮气对木柱身的侵蚀。但随着技术进步，石雕龙柱取代了木构龙柱，柱础防潮的功能被弱化，承重和装饰的作用则被加强。由于承重所需，其直径都会大过柱身的直径，增强柱子的承重力，在装饰上柱础常见的造型有六边形、八边形、莲瓣形等多样化的形式。

②柱身。作为整个龙柱的装饰重点，龙身和龙头都在柱身出现，形态多样。柱身最大的一个特点就是拥有两种表现形式，一种是单独的柱体；另一种则是分内、外两层，内部为六边形或八边形的承重柱，外部则是盘龙的装饰，雕琢手法多以半圆雕、透雕、高浮雕为主。

③柱头。作为与屋顶衔接的部位，起到了增强屋顶稳定性的作用，由于柱头置于高处，基本很难见到，其装饰也较为简单，一般为万字纹或植物纹样，不做过多华丽装饰。同时，虽屋顶结构多为木质，但现今的龙柱柱头也大多采用石材，只有早期的时候才以木柱头为主。

龙柱的空间布局与功能：龙柱是所有闽南妈祖宫庙建筑中必不可少的建筑装饰构件，除了一些小规模的民间野庙场地受限没有龙柱，几乎只要有柱体的海神庙里就有龙柱。龙柱一般多分布在闽南妈祖宫庙的三川殿、主殿和后殿的前檐下，这是常见的龙柱布局，新建的妈祖宫庙也都尽可能参照过去的妈祖宫庙的龙柱布局。有的宫庙虽规制不高却因香火旺盛，空间显得更加局促，无处安放龙柱，便会在后殿的左右殿设置龙柱。从笔者绘制的常见龙柱位置示意图可见，除了常设龙柱的位置外，还有相对特殊的位置出现（图 5-10）。闽南妈祖宫庙里龙柱都是成对出现，左、右龙柱分立殿堂两侧，相互对称，一般会在三川殿、正殿或后殿至少布设一对龙柱，规格较高的宫庙会在同一殿堂设置两对或者四对龙柱。成对的龙柱不仅满足了建筑结构的要求，也体现了“双”数代表相互依存、阴阳相对、好事成双的民俗文化内涵。

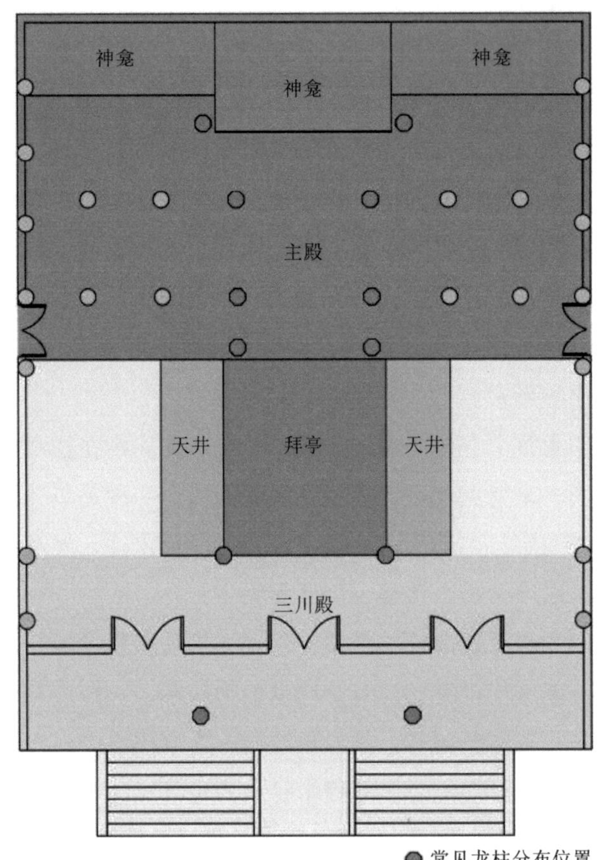

图 5-10　一般妈祖宫庙内龙柱常设位置图

龙柱的形式：龙柱的形式大体可分为单龙盘柱、双龙盘柱、单龙单凤柱和单龙仙人柱等组合模式，其中以单龙盘柱和双龙盘柱为主。单龙盘柱中可分为龙头居上的升龙盘柱以及龙头居下的降龙盘柱，若是一升一降的形式则称作乾坤交泰柱。在所有柱式中，单龙降龙盘柱式和双龙盘柱式最为常见，其余的则较为罕见。乾坤交泰柱式具有特殊寓意，象征“天地之气交合，万物生生不息”，表达了希望子孙延绵的祈求。在走访的妈祖宫庙中，早期的宫庙几乎都为单龙盘柱的样式，清代后期开始出现了个别的双龙盘柱样式，如晋江陈埭镇西霞美村妈祖庙的龙柱便是双龙盘柱的样式，是同一柱身盘绕两条神龙，上下各有一个龙头，上面的神龙俯首向下，下面的神龙昂首向上，四目相对，龙身相互缠绕。可见龙柱不仅拥有悠久的历史传承，其艺术特征还在历史文化的长河中不断演变。

龙柱的装饰艺术特征：

①龙柱装饰艺术与寺庙建筑达到和谐统一，龙柱在妈祖宫庙建筑形体空间内分布，同时具有承重、功能区分、装饰等实际功能和文化内涵，成为建筑不可分割的一部分（图5-11）。民间工艺匠师通过精湛的设计和细心的雕琢，在空间布局与结构形式上配合艺术装饰手法，利用龙柱营造宫庙威严的气势，烘托宫庙空间神明殿堂的神圣感；通过艺术化的造型和复杂精美的工艺，与宫庙内部相呼应，石材与木材虚实结合，增添了宫庙室内空间的节奏感，与建筑实现和谐统一。

晋江林格真武宫龙柱

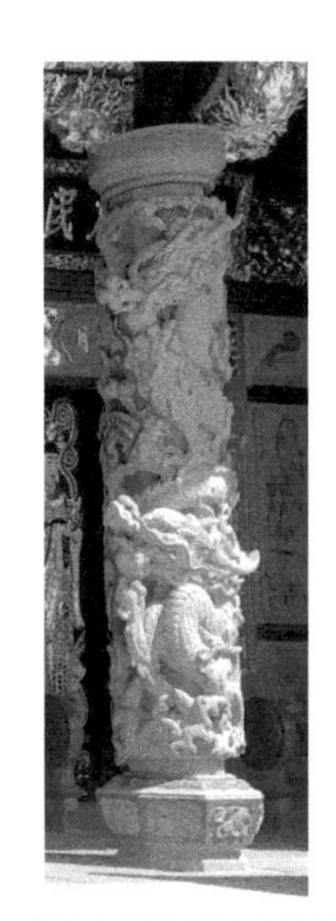
晋江龙江澳天后宫龙柱

晋江石湖妈祖宫龙柱

惠安霞霖天后宫龙柱

图5-11　龙柱在闽南妈祖宫庙中的应用

②龙柱装饰艺术造型精美华丽。闽南匠师高超的雕刻技艺在龙柱上得以体现。无论是柱身栩栩如生的神龙，还是精美细腻的纹样，或是生动且寓意美好的仙人和瑞兽，柱身常采用的浮雕、高浮雕和透雕的造型手法更是将龙柱装饰得华丽无比，这些都让龙柱成为宫庙中最闪耀的元素之一。

③龙柱装饰寓意符合大众审美。龙柱的装饰内容是中国传统建筑装饰内容的体现，即“图必有意，意必吉祥”。临水而居的闽南人本身带有的强烈海洋崇拜，特殊的地理环境形成了独特的风土民俗。因此，如龙、鳌鱼、虾、蟹等题材的水族图腾的柱身和以海浪纹饰描绘的柱础，在闽南妈祖宫庙龙柱装饰中比比皆是。装饰中的水族图腾和纹样除体现海洋崇拜和美观之外，更蕴藏了五行生克之法中的“水克火”的文化内涵，其原因在于传统木构建筑最怕火，而寺庙之中香火必不可少，故以水相压制火势，以起到防火消灾的作用。在柱础部分，常有植物类纹饰，如有象征“四君子”的梅、兰、竹、菊，以及可治百病的灵芝、金银花，冰清玉洁的莲花等。自然类纹饰则多以山纹、云纹、水纹的形式出现，几何纹样则主要出现在柱础和柱头，有方形、圆形、六边形、八边形、菱形等，以六边形和八边形最为常见。

闽南妈祖宫庙建筑龙柱装饰艺术是在传统的民俗文化和独特的地域氛围基础上形成的，充满浓厚的海洋文化气息，具有独有的艺术形式和特征，并与妈祖宫庙建筑整体共同营造出和谐统一的氛围，精美华丽的造型不仅烘托了妈祖宫庙的神圣庄严，也反映了民众对妈祖信俗的虔诚。

5.1.4　闽南妈祖宫庙的内部装饰器物构件特征

闽南妈祖宫庙建筑的内部装饰器物构件种类繁多，且不仅装饰精美，各类法器、礼器和神明供奉物品的背后还都有许多礼仪规制。因此，妈祖宫庙内部装饰器物构件的特征不同程度反映出信众对妈祖信俗的虔诚和闽南海神文化底蕴。

（1）神像陈设

神像陈设是妈祖宫庙建筑室内装饰的核心，信众依靠对神像的祭拜与神灵进行对话，从而祈望神明庇佑心愿。不同时期的妈祖宫庙的神像都是由工匠精心塑造，既要让人感受其高高在上的神灵形象，又要有源自民间的亲民之感。同时妈祖宫庙中往往合祀神众多，不仅妈祖神像做工精湛，许多其他的海神像也都做工精美。

闽南玄天上帝面部为黑面或红面，脸型圆实、眉毛修长，眉尾向上，眼睛与眉毛平行，更显霸气；身披金甲以示战神威武，右手执七星宝剑，表示掌管北方七宿，操斩妖魔，左手印诀，食指向天，寓意功德圆满。两脚赤裸，左脚踏龟，右脚踏蛇，或是左脚踏龟蛇，右脚翘起（表 5–1）。

玄天上帝神像特征　　　　表 5–1

玄天上帝（厦门顶何社上帝公宫玄天上帝神像）		
性别	男性	
生辰	诞辰日农历三月初三	
面部	黑面（武将）或红面（帝王）	
服饰	全身金铠甲或玄袍加身	
姿态	站姿，左手印诀置于胸前，左脚踏龟、右脚踏蛇	
法器	七星宝剑、龟、蛇	

龙王神像中大致可分为两类，一类是龙的原型，另一类是人格化后的。如今分布在闽南地区的龙王宫已不多见，在厦门朝宗宫内的四海龙王神像则是以龙的原型发展的神像，绿脸红须、双目圆睁，头戴冕毓、手捧朝笏。神坛中常常合祀雷公、电母（表 5–2）。

四海龙王神像特征 表 5–2

四海龙王（厦门朝宗宫四海龙王神像）		
性别	人格化后为男性	
生辰	诞辰日农历六月十七	
面部	绿脸红须、双目圆睁	
服饰	头戴冕旒、手捧朝笏	
姿态	坐姿，手捧朝笏	
法器	搭配雷公、电母	

闽南水仙尊王是闽南内河水域的重要神明，大多以水仙五王呈现，包括治水的大禹、自刎乌江的楚霸王项羽、潮神伍子胥、木工祖师鲁班（表 5–3）、投江殉国的屈原。五位水仙面部为红面，代表威严，头戴王侯帽子，龙袍加身，搭配的法器如鲁班所用的斧头等。也有的宫庙只敬奉大禹王，例如厦门朝宗宫中水仙尊王的神像就只有一尊。水仙尊王的陈设中还常常配有大型船只模型，寓意出海的渔船、商船平安。

水仙尊王神像特征 表 5–3

水仙尊王（厦门海沧中元宫水仙尊王鲁班神像）		
性别	男性	
生辰	诞辰日农历十月初四	
面部	暗红面、黑面	
服饰	王侯帽子、龙袍加身	
姿态	坐姿	
法器	斧头，常搭配船只	

妈祖神像可以分为两种：一种称作“硬身”神像，其特点是由木材、石材、泥塑、陶瓷或金属等材料制成的圆身雕像，神像是整体制作的，各个部位都不能活动。另一种称作“软身”神像，与硬身神像最大的区别就是它的各个部位都单独精雕细琢且都能单独活动。软身神像的优点是便于信众为妈祖神像更换衣袍。妈祖的衣袍配色多以黄色和红色为主，“升化为仙后，常以朱衣飞于海上”便是《大清一统志》中对妈祖升仙后的描述。因这两种颜色是统治阶级的专属色，更体现出妈祖神格的尊贵。妈祖的神袍做工精湛，通常绣有龙腾、浪花等海洋元素的纹样（表 5–4）。

妈祖神像特征　　表 5–4

妈祖（厦门朝宗宫妈祖神像）		
性别	女性	
生辰	诞辰日农历三月二十三	
面部	粉面、红面、黑面、金面	
服饰	头戴九毓冠冕， 帝王服饰的大袖龙袍、精细龙纹刺绣	
姿态	坐姿	
法器	吉祥九宝	

妈祖神像脸部丰腴圆润，表情稳重。妈祖神像的面部色彩有别于简单的装饰意图，有粉面妈祖、红面妈祖、金面妈祖、黑面妈祖。关于妈祖不同面色的起因说法各不相同，有的说法认为不同颜色代表不同时期的妈祖，如粉色代表妈祖在世、金色代表妈祖得道时、黑色代表妈祖救难时。也有的说法认为这和地域色彩有关，粉色妈祖为称作“大妈”的“湄洲妈祖”；红面妈祖称“温陵妈祖”，诞生于元末明初，故称“二妈”；被称作“三妈”的则是明中期的厦门同安“银同妈祖”，不同地域不同年代产生出不同的妈祖形象，在我国台湾地区及日本等地甚至还有白脸妈祖①。

① 熊慧莹 . 妈祖宫庙建筑装饰艺术研究 [D]. 武汉 : 华中科技大学 ,2012.

妈祖宫庙建筑中的神像另一大特点就是多神合祀的情况非常普遍。从宋元时期开始，妈祖宫庙建筑中就有配祀神，如千里眼、顺风耳等；还设置了神的家属，如亲属神；及神的婢仆即协侍神，这些统称为“属神”，都是在妈祖传说中出现过的重要人物。古时的信众认为神界与人界一样，有着相似的社会关系，如主从的关系。除了从属关系的神外，闽南妈祖宫庙内还出现了没有从属关系的其他神明，如保生大帝、临水夫人、注生娘娘等，一同祀奉在同一个宫庙中，体现了民间信俗的包容性与广泛性。

（2）神龛装饰

神龛是用来供奉神像的神座，是一座宫庙中极其重要的部分，作为专门放置神明神像的木盒子，有着许多讲究。首先从材质上来看，要选用上好的檀香木或红木、榆木等，用料十分考究，以保证神龛不易受损。其次，神龛的造型丰富，且做工追求装饰的繁复，题材考究，其表现主题包括传说故事、奇花异草、飞禽异兽等内容，手工技法要求较高，多采用镂雕的形式，因此在大多数的妈祖宫庙中都可以见到精雕细琢、丰富华贵的神龛，使得神像熠熠生辉，光彩夺目，这也是对神明虔诚的表现（图 5–12、图 5–13）。例如位于泉州的美山天妃宫，其内部的神龛风格古朴华丽、雕刻工艺精美绝伦、装饰层次分明、色彩艳丽，具有很强的装饰性，体现了工艺匠人的艺术造诣和高超的工艺水平。

5–12　美山天妃宫神龛

图 5–13　潮显宫神龛

与妈祖宫庙建筑中神龛密切相关的是抬阁形式，抬阁是缩小的神龛，抬阁供奉的就是祀奉的神像，其形式与神龛相似。但是其因为有流动性的需要，大小要比固定神龛小很多，抬阁是底部约 1.5 平方米、高 1.5 米的带顶庭式木构神龛，做工精细，小巧玲珑，形状如同古代的轿子（图 5-14）。神龛涂以红漆，造型雕刻多为金绘龙凤吉祥物或是花卉图案。例如妈祖的巡境游行，乡民们便会将平时供奉在宫庙内的抬阁请出，由四名壮汉抬轿，两边辅以护轿，敲锣打鼓，开始巡境，最后再请进庙内观看戏台酬神的表演。这样的轿形抬阁庄重神圣，隆重威风，显示了人们对神明的尊重。

图 5-14　龟峰宫妈祖抬阁

（3）香炉装饰纹样

香炉是每个宫庙不可缺少的构件之一。它除了能成为香客精神寄托之处，也兼具一定的装饰美化作用。香炉所在宫庙建筑中的不同位置直接影响香炉的尺寸大小。无论是气势磅礴还是娇小玲珑，其材质都大致相同，主要以金属和石材为主。受国家环境保护相关政策的影响，如今香炉使用频率已大大减少，且因室内通风和防火需求，殿内设置香炉的情况也不多见，若在殿内设置香炉也一般设置在内埕处，便于排气通风。如泉州洛阳镇的龟峰宫，就是在中央天井的中轴线上设置香炉。香炉大多数被放置在主殿前的中轴线上，位置正对殿内的妈祖神像。香客在上香的时候先对着天地拜三拜，再转身面对妈祖宫庙拜三拜，然后将香插入香炉，再到主殿向妈祖许愿。香炉造型多样，常见的有方鼎状、圆形状等，底座一般是三足鼎立或四角齐全。几乎每个宫庙的香炉都有所不同，即便形态相似，装饰雕花也都不同。香炉的细节往往有许多海洋元素的出现，如刻画成龙形态的把手，在香炉外壁上的祥云纹、卷草纹、海浪纹，刻有莲花图纹的基座以及双龙戏珠、龙凤呈祥等吉祥图案。还有的香炉还专门安置了亭子一般的屋顶，保证雨季香客在殿外敬香免受干扰（图 5–15、图 5–16）。

图 5–15　龟峰宫设在室内拜亭的香炉

图 5–16　晋江钱塘妈祖宫香炉

（4）祭典仪式道具的装饰纹样

祭典仪式是妈祖信俗文化中的重要组成部分，其仪式也是极其神圣隆重，受到信众们的高度重视，祭典仪式上琳琅满目的神祇道具给祭祀活动增添了许多神秘的色彩和庄重的氛围，体现了神明尊贵的神格和信众对其虔诚的态度。这些神器种类繁多且各有来头，每一个道具的背后都是一个故事或者是蕴含着某种意义。有幢幡、桌帷、蒲扇、令旗、斩妖刀、灯笼、封印等，涉及的材料广泛，有丝绸刺绣、有木雕木作等。仪式道具的风格粗犷，色彩艳丽明亮，表现出强烈的民族传统色彩。特别是当巡境等仪式举行时，道具很好地烘托了妈祖巡境的神圣感和威严，并带有强烈的神秘感。这些道具在装饰设计过程中带有一定的艺术夸张性，有时出现的鬼怪造型寓意辟邪挡煞，寓意吉祥的祥云、花卉、瑞兽等造型也很常见。这些道具在仪式期间使用之外，有的会被置于殿中陈列展示，造型各异的道具也被看作是海神的神器、法器、礼器，对灾难鬼怪等煞事，都有着很好的震慑效果。另外，宫庙中常出现的桌帷、幢幡等都会绣上好寓意的纹样，如龙凤呈祥、祥云纹、水纹及吉祥的花草等。

（5）匾联匾额的装饰设计

匾联与匾额更多的是通过文字来传达背后蕴含的历史背景和文化内涵，具有极高的文化价值。每一座闽南妈祖宫庙都有属于自己的匾额匾联，讲述着各自不同的故事。匾额通常悬挂在门楣的上方，匾联则常常位于殿内和殿外的立柱上，并且对称分布。除了追求文字形体之美，对遣词造句更是讲究，可从其材质、书法和内涵三方面去看待其在闽南妈祖宫庙建筑中的艺术价值。

闽南妈祖宫庙建筑中，匾联的材料以木材、石材、铜居多。其中以木材为甚，木材质地适合雕琢加工，文字和纹饰可更加流畅细腻，但石材和铜质的厚重感则更佳。书写方法也是匾联重要的装饰表现，匾联装饰除了讲究形式美外，更加看重蕴含的意义。中国文字讲究的是形、意相融的境界，闽南妈祖宫庙中所使用的匾额，基本都是稳重大方的方正造型，且大多采用刚劲有力的字体，无论是从字体还是从匾额的形态上，都意图传递出某种精神上的气势和端庄的态度，让人心生敬畏。

闽南妈祖宫庙内，除了有匾联外，还有内容深刻、意义深远的匾额（图5–17），匾额同时也是宫庙发展历史背景的缩影，例如泉州蟳埔村的顺济宫有五块匾联，每一块都阐述着不同时期泉州与古港之间的海洋文化历史变革的背景。

清雍正四年（1726 年）御赐厦门府城天后宫匾

清康熙二十四年（1685 年）施琅题泉州蟳埔顺济宫匾

清乾隆四十七年（1782 年）
胡启文题惠安沙格灵慈宫匾

清光绪二十三年（1897 年）
吴鲁题晋江钱塘圣母宫匾

图 5-17　闽南妈祖宫庙匾额

其中悬挂于顺济宫大殿上方的题为“靖海清光”的金字匾额（图 5-18），是清康熙二十四年（1685 年）福建水师提督、靖海将军、靖海侯施琅来宫敬奉的匾额。匾额上款：“大清康熙二十四年 (1685 年)”；下款：“提督、靖海将军、靖海侯施琅立，嘉庆戊午年重修”。这一匾额背后的故事则是与清初施琅将军平定台湾有着传奇的联系。施琅将军平定台湾前在泉州沿海一带练船队水师，暂驻蟳埔，听闻顺济宫妈祖神签灵圣，特前瞻神明示签：“皎皎一轮月，清风四海分。将军巡海岛，群盗望前奔。”这是顺济宫二十八签中的第四签。此签顺应施琅将军平台心态，遂使信念百增，军中士气大振，复台势贯如虹①。

施琅平定台湾后，在奏封天后的疏文中，陈述自平海练兵至澎湖破逆，多得天妃庇佑，伏乞皇帝敕封。清康熙二十三年（1684 年），封妈祖为“护国庇民妙灵昭应仁慈天后”，并遣礼部郎中到湄洲祖庙致祭。施琅陪祭并捐金二百两以助修神殿，又奏修泉州天后宫。清康熙二十四年（1685 年）敬献蟳埔顺济宫“靖海清光”金匾，以叩谢神明指点。

---

① 蒋维锬，刘福铸．妈祖文献史料汇编：匾联卷匾额篇 [M]. 北京：中国档案出版社，2011.

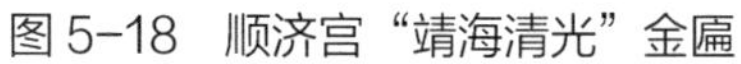
图 5-18　顺济宫“靖海清光”金匾

图 5-19　顺济宫“临江古地”匾额

另一款匾额悬挂于拜亭的上方，为“临江古地”（图 5-19）。匾额上款：“民国十五年（1926 年）七月吉旦”；下款：“爪哇三宝垄侨商简纬厅、简鸣口仝贺，共和癸未重修”。即原作于 1926 年，重修于民国三十二年（1943 年）①。

山门外石亭围栏正中与主殿中轴线相重，刻有黄贻果于己未年（1919 年）题书的石匾“湄云普荫”（图 5-20、图 5-21）。石匾上款：“己未孟冬”，下款：“黄贻果敬书”。黄贻果，福建靖江人，优贡生，曾任福建屏南县学训导，擅书法②。

图 5-20　顺济宫“湄云普荫”石匾

图 5-21　顺济宫“湄云普荫”石匾原迹

① 蒋维锬，刘福铸．妈祖文献史料汇编：匾联卷匾额篇 [M]. 北京：中国档案出版社，2011.
② 蒋维锬，刘福铸．妈祖文献史料汇编：匾联卷匾额篇 [M]. 北京：中国档案出版社，2011.

顺济宫屡经重修扩建，1931 年信士蔡顺兴主倡筹资重修，台胞翁幼庭等人分别两次发起修宫、造龙，还敬献“慈庇南天”木匾（图 5–22）。印度尼西亚爪哇三宝垄侨商翁克阶、黄福耀献有“灵扬水国”匾额（图 5–23）。

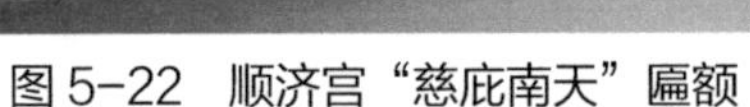
图 5–22　顺济宫“慈庇南天”匾额

图 5–23　顺济宫“灵扬水国”石匾

从笔者走访的闽南地区妈祖宫庙中提取部分较有代表性的匾额进行记录（表 5–5），发现匾额的内容以四字匾额居多，除了赞颂神灵篇铭外，与海洋文化也息息相关，匾额的文字大多传递出对妈祖的感谢及歌颂其事迹，文字虽然短小精炼却都含义颇深，既概括了妈祖对世人的恩德，又表达了信众们对妈祖的感激与崇奉。

闽南厦门、泉州、漳州三地妈祖宫庙匾额汇总　　表 5–5

地区	宫庙名	时期	作者	匾额
厦门	厦门天后宫	清代	雍正	神昭海表
	厦门同安海口天后宫	清代	乾隆	恬澜怡贶
泉州	泉州南门天后宫	明代	张瑞图	海不扬波
	泉州蟳埔顺济宫	清代	施琅	靖海清光
		民国	简伟庭	临江古地
		民国	黄贻果	湄云普荫
		民国	翁幼庭	慈庇南天
		民国	翁克阶	灵扬水国
	泉港龙见宫	清代	佚名	聪明正直

续表

地区	宫庙名	时期	作者	匾额
泉州	惠安崇武天妃宫	明代	施德政	沧海永镇
		明代	施德政	海国耀灵
	惠安沙格灵慈宫	清代	胡启文	海天元后
	晋江钱塘圣母宫	清代	吴鲁	瀚海安澜
	晋江安海神山观	明代	黄伯善	神山观
	晋江金井顺济宫	清代	范光友	世沐恩波
	晋江金井天上圣母宫	清代	吴鲁	东宫古地
漳州	漳州芗城文英楼	清代	佚名	湄岛慈航
	漳州云霄天后宫	清代	佚名	恬澜昭贶
	漳浦涪屿天后宫	清代	佚名	师泉井记

（6）绘画装饰设计

壁画、瓷砖画、彩绘、纸卷画等绘画形式都出现在了闽南妈祖宫庙建筑中，是闽南妈祖宫庙建筑装饰中重要的组成部分。这些种类不同的画主要是向信众们展示相关妈祖信俗的传说，让人们更加了解所敬奉的神明。现存的妈祖宫庙中，以壁画和瓷砖画最为常见。古代工匠通过壁画的制作将妈祖的传说神话故事展现出来，这些壁画多采用工笔画的手法勾勒出画面主体的线条后进行彩绘。有不少年代较新的妈祖宫庙，选择瓷砖画作为其中的表现形式（图 5–24），瓷砖画和壁画一样，与建筑产生直接联系，并参与到建筑室内空间的界定当中。在主殿的两侧常以瓷砖画进行装饰，每块瓷砖上绘有相关的神话故事，有时也可见连环画的形式，注重对神话故事的描述，让观者获取大量信息去了解相关的神明文化及当时社会历史环境。但是在所见到的闽南妈祖宫庙建筑中，不乏许多简单粗糙的壁画与瓷砖画，但这并不妨碍绘画装饰在信众心中的重要地位，质朴的绘画手法拉近神灵与民间的距离，借助图像可以更好地向世人传递有趣生动的妈祖信俗神话故事，让妈祖信俗深入人心。

厦门青辰宫瓷砖画

厦门青龙宫瓷砖画

图 5-24　瓷砖画在闽南妈祖宫庙中的应用

通过对闽南宫庙中装饰器物构件的分析可以看出其多样化的特点，主要体现在类别多样化、形态多样化和材质多样化以及风格多样化，但同时在精神表达上却又有着共性，即对妈祖的绝对虔诚。同时，闽南妈祖宫庙装饰器物构件还具有很强的海洋文化特性，体现了信众不同时期的审美和对美好生活的无限憧憬。闽南妈祖宫庙装饰器物构件是人类精神层面与物质层面追求的统一，是物与神的艺术结合。

5.1.5　闽南妈祖宫庙的装饰手法

闽南妈祖宫庙建筑装饰运用了各种传统制作工艺，包括木雕、砖雕、石雕、灰塑和漆线雕。

（1）木雕

闽南妈祖宫庙建筑装饰中木雕运用广泛（图 5-25），木雕工艺源远流长，雕刻技术超群，原本生硬的建筑木构件在木雕工艺技术加工的加持下，显得轻巧精美，常见的木雕装饰构件包含屋檐、梁柱、垂花、门楼等。木雕雕刻工艺包括浮雕、镂雕、平雕、线雕等。针对建筑不同部位的木雕，其雕刻技术也略有不同，例如宫庙中隔断、门窗多采用镂雕的手法，而梁架、柱头等结构多采用浮雕的手法。有些木雕工艺还施以彩绘、贴金等附加工序。在祭祀海神妈祖宫庙中，还常能见到丰富多样的色彩及各种空间构件细节的处理，体现了妈祖宫庙装饰中的女性特征。在妈祖宫庙建筑的梁柱上木雕装饰极尽烦琐精美，除了雕刻精细以外，还利用木质结构的特点，将木质骨架根据不同规格进行组合，形成不同的形态，让装饰纹样更加富有节奏感和韵律感。另外，在妈祖宫庙建筑中的柱头、梁架结构等部位可以看到更为重点的刻画，体现出木雕装饰有简有繁、有主有次的装饰节奏感。

蟳埔顺济宫金漆木雕（一）

蟳埔顺济宫木雕

蟳埔顺济宫金漆木雕（二）

蟳埔顺济宫金漆木雕（三）

龟峰宫贡台木雕

美山天后宫贡台木雕

图5-25　木雕在闽南妈祖宫庙中的应用

（2）石雕

在闽南妈祖宫庙建筑中，大部分都采用了极为精致的石雕工艺。石雕艺术在中国历史悠久，闽南地区的石雕技术更是闻名于世，尤以泉州市惠安县石雕为甚。闽南石雕技术是闽南民俗工艺的精髓，其技艺囊括了多元文化，选材广阔，妈祖宫庙中最能体现石雕工艺技术的便是龙柱，集闽南地区高超的石雕工艺之大成。闽南石雕在工艺上不断创新，且技术来源于民间，属于大规模群众性的创作活动，并不是少数大师的独门秘籍，也为石雕技术在妈祖宫庙的大量运用提供了有利条件。

在妈祖宫庙建筑中，门框、门槛、柱础等建筑装饰部位，都雕满了飞禽走兽、花草、人物等精妙图案。泉州天后宫保留了一对十六面青石雕元代印度教寺庙石柱，属于国家木构建筑的瑰宝。其石基础为花岗石材质的圆形仰莲瓣的浮雕，石柱上再接三分之二木柱，上联有一副楹联：“神功护海国，水德配乾坤”。泉州的真武庙，还保留着清代重修后以及宋代原庙遗留下的各类石雕，真武庙山门通往真武殿的道路是依山而建的二十四级台阶，周围的石扶栏上雕有古朴的石狮，真武殿内外依然可以看到雕刻精美的各种柱础。无论是蟳埔村的顺济宫、洛阳镇的龟峰宫，还是美山天妃宫，任何一座供奉妈祖及不同海神的宫庙中，都可以找到栩栩如生的石雕，表现主题从花草奇兽到各类神话传说故事，无不展现着精湛的石雕工艺（图 5-26）。

泉州天后宫寝殿印度教石柱

泉州蟳埔顺济宫石雕柱础

图 5-26　石雕在闽南妈祖宫庙建筑中的应用

泉州蟳埔顺济宫三川殿石雕

泉州蟳埔顺济宫三川殿石雕龙柱

真武庙通往主殿石阶的石狮雕（一）

真武庙通往主殿石阶的石狮雕（二）

真武庙主殿石雕柱础（一）

真武庙主殿石雕柱础（二）

图 5-26　石雕在闽南妈祖宫庙建筑中的应用（续）

洛阳镇龟峰宫三川殿石雕（一）

洛阳镇龟峰宫三川殿石雕（二）

美山天妃宫三川殿石雕（一）

美山天妃宫三川殿石雕（二）

图 5-26　石雕在闽南妈祖宫庙建筑中的应用（续）

（3）砖雕

在闽南妈祖宫庙建筑构件中，砖雕也是常用的建筑装饰手法之一。其砖雕技艺融汇了闽越文化和海洋文化，在妈祖宫庙建筑装饰中可见于照壁、墙檐、门窗、牌坊等建筑体积较大、装饰效果明显的外墙装饰。选取砖雕材质用于装饰，不仅是因为其本身的特性可以与石材媲美，还因为其更加简单的施工方法和相对较低的成本。红砖色泽鲜艳，质地也相对容易雕刻，表现内容广泛，包括有展现沿海渔民、渔樵农耕的生产生活场景，或是海神妈祖的传说故事等具有丰富海洋文化主题的内容。砖雕制作工艺也十分讲究，经过多次淘洗的细泥烧制出来的砖块才能用来制作砖雕。其手法通常为浮雕，将需要雕刻的图案绘制于砖块之上。再通过雕、剔、刻、琢、磨等手法，方能得到精美的砖雕。有时砖雕还采用透雕的手法，常见于妈祖宫庙建筑中的建筑基座等，采用龙凤、植物、鸟兽等装饰图案。若是将砖雕应用在建筑立面墙体时，一个立面装饰图案由多块雕刻好的红砖组合而成，再将组合成的砖雕图案砌筑进墙体。这些砖雕装饰都有典型的海洋文化特征，丰富了妈祖宫庙建筑的装饰形式，展现出浓厚的闽南地域风情。

（4）灰塑

灰塑是闽南地区在屋顶建筑装饰中常用的一种装饰手法，也被称为彩塑、泥塑。主要是以石灰为基础材料，制作出形态各异、较为立体的装饰效果，经常用在屋脊的脊垛和山墙的翘尾上。灰塑多为蕴含吉祥如意的装饰图案，和其他地区相比，闽南地区的灰塑都是以彩色为主，而非灰色，在制作的过程中通过加入色粉或涂上涂料，这样制作而成的灰塑称为彩塑。在风雨岁月的冲刷中，原本色彩炫目的彩塑则会变得更加古朴雅致，色调中呈现出高贵的感觉。

（5）剪瓷雕

剪瓷雕又称“剪黏”或“剪花”，是闽南妈祖宫庙建筑特殊脊饰工艺的代表（图 5-27）。剪瓷雕多安置于视觉焦点之处，一是屋顶，二是墙壁的部分。屋脊是剪黏装饰的重点。

剪瓷雕是以彩色碎瓷片、有色玻璃等为材料，经过加工用以装饰妈祖宫庙建筑优美的屋脊，不仅美观大气、防风防蚀，耐久性极佳，而且造价也更经济。闽南地区尤其是泉州、德化自古以来就是陶瓷的产销地，有许多破损、毁弃的釉彩瓷片可供再利用。用剪黏、镶嵌技法装饰建筑，可以变废为宝，是一种创造性的工艺。旧时，工匠向窑厂购买破损的花瓶、碗，按斤论价，也可将窑厂所产的单色薄碗打碎，打碎时先用锤子将碗底击脱，再打碎碗边，形成数十块碎片。然后用铁钳、剪刀将碎片剪成所需形状，如花瓣、树叶、龙鳞等，也可以用玻璃片、镜片作为局部剪黏材料。除了陶瓷、玻璃以外，还可以采用闽南沿海丰富的贝壳，贝壳经过加工也可以作为剪黏材料，甚至用在匾额、楹联的装饰上。清代以后，工艺进步，匠师与陶瓷作坊合作，特地烧制薄薄的低温瓷碗，上施各种鲜艳的彩釉，专供剪黏之用。

真武庙三川殿剪瓷雕（墙壁）（一）

真武庙三川殿剪瓷雕（墙壁）（二）

厦门福海宫三川殿屋脊剪瓷雕（一）

厦门福海宫三川殿屋脊剪瓷雕（二）

图 5-27　剪瓷雕在闽南妈祖宫庙建筑中的应用

剪瓷雕的制作工艺（图 5-28）是先以钢筋、铁丝等搭建装饰结构的骨架，塑出装饰物的形态雏形，骨架的稳固程度直接关系到剪瓷雕最后的质量，因此要先请铁匠来制作把关。

用贝壳烧制研磨的灰掺入河沙、红土、稻草，并按一定比例混合制成，现今则多用水泥制成，再将其塑成胎体。等待胎体干透后，将预先剪修好的瓷片、玻璃片、陶片等，如今多采用预先烧制好的釉彩瓷片，用天然的黏合剂贴在所需塑造的胚胎上，形成细腻精美的装饰效果。不仅粘结后异常牢固，且色泽饱满不易褪色，历久弥新，雨水冲刷后瓷片在阳光下产生反射，显得宫庙建筑更加耀眼。

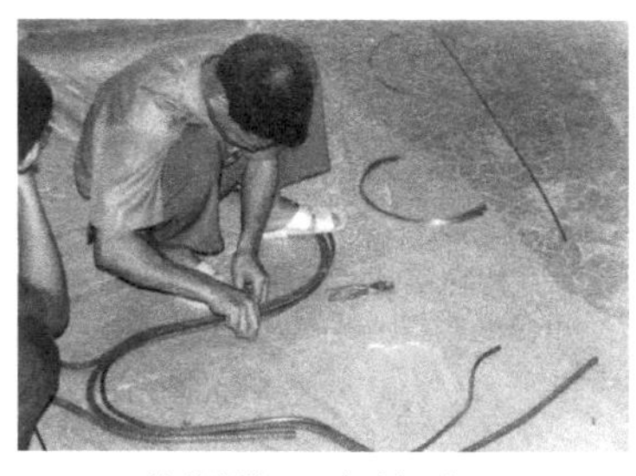

剪黏制作一：钢筋、铜丝

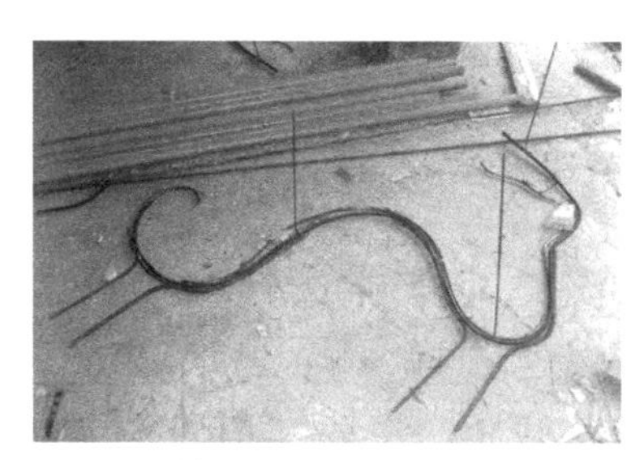

剪黏制作二：骨架制作

剪黏制作三：粗胚

剪黏制作四：龙腿另制

剪黏制作五：胚体固定

剪黏制作六：粘贴瓷片

剪粘制作成型过程

剪粘制作成型

图 5-28　妈祖宫庙剪瓷雕剪黏工艺制作流程

剪瓷雕的应用，让屋顶成为闽南妈祖宫庙建筑的视觉焦点，屋脊的正脊、垂脊、戗脊上各类脊兽、牌头等生动活泼，造型复杂、品类繁多。与陶制装饰品相比，剪黏作品既有瓷器色彩鲜艳的艺术效果，又可避免大块陶瓷易碎的缺点，选材、造型、用色自由，可以随兴致捏塑黏贴，独特性强，颇具艺术欣赏价值。

5.2 闽南妈祖宫庙建筑的文化流变

5.2.1 海陆互动中的妈祖宫庙

海陆互动中，海神与陆神互为转换。福建沿海的夫人妈是年轻女子死后被奉为神，最初是保佑妇女的，后来也保护男人，属于陆神；而泉州市惠安县的男性渔民出海时往往携带夫人妈的香袋，以期夫人妈保佑，于是夫人妈也成了海神。关帝原来是陆神，但沿海的渔民，不仅在岸上，即使在海上渔船的神龛中也要供关帝的牌位，因为关帝被世人誉为讲信义的神，渔民出海谋生，需要海上弟兄相互帮助，因此看中信义，自然将关帝奉为保护神[①]。陆神向海神转化是由于其信俗向沿海区域及岛屿传播后而获得海洋性。同样，妈祖信俗也会向内陆传播而成为陆神。

海神向陆神的转化大致可分为两类，一是向内陆的江河湖泊传播。例如海龙王是海洋水体本位神，海龙王在大海中拥有一个庞大家族，由于百川湖泊的水最终都归入大海，海龙王便将自己的亲信派遣到陆地的江河湖泊以主管一方水域。因此内陆许多江河湖泊都建有龙王庙，或者内陆有关龙王主管湖泊的传说，都体现了海洋与陆地互动中的海龙王信俗。

由于河流与海洋的直接联系，妈祖等海神转变为太湖、黄河流域的保护神。例如长汀的三圣妃庙祭祀妈祖，就是因为南宋闽西的汀州开通的汀江航运，水陆运输可直达广东潮州，妈祖信俗因此由潮州传入汀州。由于海商、

---

① 郑丽航，蒋维锬.妈祖文献史料汇编（第二辑）[M].北京：中国档案出版社，2009:157-158.

海洋渔民、海洋漕运的船夫通过水上交通进入内陆的江河湖泊，同时将妈祖信俗带入，形成了相应神灵信俗文化土壤。妈祖信俗所传播的内陆江河湖泊主要是在沿海省份，因为这些江河湖泊与大海直接沟通，海船可以直达腹地，妈祖信俗也跟随着渔夫舟子落户定居。说明海洋保护神转化为内陆水域的保护神是因为有“水缘”的关系。

二是向内陆的腹地传播。福建沿海的妈祖信俗氛围浓郁，但在其内陆地区也普遍建有天后宫。福建多山，北面、西北面有武夷山脉，中部有鹫峰山、戴云山、博平岭山系将福建分割为内陆与沿海两部分。但这些山脉却阻挡不了妈祖信俗的传播，不仅在闽西，甚至闽北也都建有天后宫，妈祖信俗普遍流行于闽西、闽北[①]。这些天后宫都是民间私人建造，除了之前说的水路之外，还有几种途径，如外出为官返乡的为官者或外地人，外出经商的商人、移民等，这些人将沿海的妈祖信俗传入内陆地区。

据载，“清代四川天后宫总数当在 200 左右”[②]，天后宫几乎遍布四川各府州县，而且这些天后宫大多与会馆相连。湖南的芷江天后宫规模宏大，占地达 4500 平方米，包括门坊、大殿、寝殿、配殿等。贵州的镇远天后宫，早在乾隆年间就已经存在[③]，河南、湖北也都有天后宫的出现。可见，妈祖信俗向内陆省份传播，是由沿海地方民众、商人、仕官将妈祖信俗向自己的移居地进行传播，如湖南的芷江天后宫由当地经商的福建商人集资建造，贵州镇远府的天后宫则是福建移民建造。移民来自不同的地方，风俗信俗也不同，福建人信奉妈祖，妈祖信俗也由福建籍移民传入内陆移居地进行供奉。受历代朝廷褒奖的海神妈祖被福建人视为故乡的象征，福建移民希望以此为凝聚同乡的旗帜。

海陆互动中的妈祖宫庙，其角色转换可从庙宇的分布格局反映出来。第一类是分布在江河的支流地带，主要是溪流河滨。这类在溪流边的宫庙承袭

① 摘自［清］李世熊，《宁化县志》，卷七，“坛庙祠志”，第 417 页。
② 刘正刚．清代四川天后宫考述 [J]. 汕头大学学报 ,1997(5):52-60.
③ 樊万春．天后在镇远 [M]// 林文豪．海内外学人论妈祖．北京：中国社会科学出版社 ,1992:372-375.

了沿海特点，建庙的目的是希望妈祖庇佑，求得江河航运的平安顺利。第二类是分布在与河流毫无关联之处，甚至坐落在高山之上。通过笔者对闽南妈祖宫庙的田野调查可以发现，虽然大多数妈祖宫庙都紧邻水系，但也有一部分海神庙与水并无关联。例如泉州市惠安县的山透凤山宫，就建在净峰山上，与水源无关（图 5–29、图 5–30）。这类妈祖宫庙，其神灵职能往往会发生变更。特别是远离水系的内陆的妈祖信俗，职能逐渐转化为其他陆神的职能。

图 5–29　泉州市惠安县山透凤山宫

图 5–30　泉州市惠安县山透凤山宫周边环境

可见，妈祖信俗无论是通过水路传播，还是由移民、从商、仕宦等人口流动传入内陆的有水之地，其海上保护神的职能基本可以得到存续，并转换为内陆的水神。由“海神”转为“水神”的基础是二者之间存在着“水缘”关系，所以在古人观念中，无论是“海神”还是江河湖泊的神灵都称为“水神”。而传入内陆无水之处的妈祖信俗，由于其神职失去了“水缘”这个环境基础，为适应当地的生产生活而转换神职。

海神与陆神的转换，是海洋区域与内陆区域的人的活动所产生的信俗文化传播的直接反映，妈祖宫庙在沿海、江湖、溪流、湖泊以及内陆无水之处、高山森林等不同地域的分布情况也可以很好地说明妈祖信俗由沿海到内陆的文化流变。

5.2.2　海洋移民社会与妈祖信俗

海洋移民是一项风险与希望并存的活动。即便是航海工具发达的今天都还存在不确定性，何况是采用木帆船的古代。对于海洋移民来说，最大的心愿就是能一帆风顺到达目的地。所以海洋移民出海前必定要去神庙向神灵祷告辞行，以求神灵庇佑。不仅如此，“早期移民者之管理，当彼等远离乡土时,多数均将原供养在家或寺庙中之小型神像携去台湾”[①]。闽粤沿海是中国重要的移民输出地，这一代的民众又都普遍信奉海神妈祖，因此在他们离乡前必定会去妈祖庙里进香膜拜[②]。

除了去神庙向神灵进香祈求庇佑外，多数人出行时会携带香火袋或香火包，也有的携带神灵的分身像，香火包则被视为自身守护神，形影不离地携带。供奉在船上的分身神像称为“船头妈”，并要按时上香祭祀。例如泉州的船主起航前都要到天后宫焚香并请尊妈祖像“上船奉祀,朝夕行香”[③]。另外，当船在海上遇到危险时候，船上的人都要跪在神像前祈愿神灵庇佑。运载移民的海船在航行途中，每到一岸都要把妈祖神像请上岸祭拜。不仅前往台湾地区的如此，前往东南亚诸国的移民船只也是如此。

正是内心依靠海神妈祖等神灵的庇佑，海洋移民的心灵才得到了慰藉，坚定了走向四方的信念和勇气，并携带着他们所敬奉的神明一起去往各地。海洋移民敬奉的神明中，妈祖的群众基础最为广泛，因此除了在我国的香港、澳门、台湾等地建有妈祖宫庙以外，在全球各地也都能看到妈祖宫庙的身影，东亚的日本，东南亚的新加坡、马来西亚、泰国、印度尼西亚、菲律宾，北美的旧金山，欧洲的法国巴黎都有妈祖宫庙的身影。

明代时期，我国海洋移民在居住地开始形成移民社会，这些海洋移民的个体则成为该社会诸神信俗的主体。因为大多来自同一个地区，因此有着相

---

① ①嘉兴．台湾时期兴建的寺庙 [M]// 邢福泉．台湾的佛教与佛寺．台北：联经出版社 ,1981:3.
② 黄炳元．泉州：妈祖信仰传播的发祥地 [M]// 曲金良．中国海洋文化研究（第一卷）．北京：文化艺术出版社 ,1999:83.
③ 黄炳元．泉州：妈祖信仰传播的发祥地 [M]// 曲金良．中国海洋文化研究（第一卷）．北京：文化艺术出版社 ,1999:82.

同的思维习惯和信俗心理。当他们远渡重洋到达新的目的地时，都会把随身携带的香火或神像供奉起来。将其供奉在移民栖身的茅屋中是最常见的做法。渡海前往台湾的移民把神像供奉于茅屋中[①]，而往南洋的移民则要搭建“亚答屋”供奉[②]。也有部分移民登岸后专门设立神龛、神坛供奉。据载，新加坡与中国泉州晋江祥芝乡直航的航运，第一艘船在靠岸时，便摆上香炉，安上天后神位，设立神龛朝拜，而这个地方就是在新加坡天福宫现址的海滩上[③]。

这些平安抵达目的地的移民大多认为是得益于神灵的庇佑，所以在他们登岸后都会将神像供奉起来顶礼膜拜。这不仅是移民对神灵感戴之情的表达，更是期望神灵可以保佑今后生活的平安顺意。移民登岸后开始新的生活，在安置生活的同时也要安置神明。虽然妈祖是广受敬奉的海神，但移民所供奉的神明还是会有不同，不同移民所携带的神像或神灵的香火包不同，但都供奉于草屋或是专设的神龛中，神灵也是杂乱无章有待整合，因此在这样的背景下，妈祖宫庙和会馆相继出现。

5.2.3 海洋移民社会中妈祖宫庙与会馆的出现

在海洋移民社会中，真正的妈祖宫庙的出现要早于会馆的出现。妈祖宫庙的建造必然要耗费大量的人力、物力、财力，随着闽南移民人数的不断增多，当其在移居地的适应度和财富积累度越来越高的时候，海洋移民群体开始集资为他们信奉的神明建造高规格的宫庙。

琉球是与明王朝交往频繁的朝贡国，而我国海洋移民社会中闽人最早于明代就已经在此建造了神庙。明洪武三年（1370 年），在泉州设置市舶司以通琉球。明洪武二十二年（1389 年），为了帮助琉球开发经济文化，朱元璋“敕赐闽人三十六姓”赴琉定居，从事船舶制造、航海和翻译等工作。“三十六姓”在琉球聚居于久米村，因惧怕海盗劫夺而筑土城，名“唐营”。

① 张文绮 . 从匾联碑记看台湾官民的妈祖信仰 [M]// 林文豪 . 海内外学人认妈祖 . 北京：中国社会科学出版社 ,1992:249.

② 闽南人称妈祖（Ma-Tsu），广东人称婆祖（Po-Tsu）。

③ 李天锡 . 石狮华侨与新加坡天福宫 [J]. 福建宗教，1997.

唐营人在琉球主要职务是专司贡物和商贸的海上舶务，每日都要膜拜妈祖。所以在琉球的久米村建立上、下天妃宫敬奉妈祖是势在必行的，也正是这些移居琉球的闽人将妈祖信俗传到了琉球。[①]

移居琉球的闽人共同创建了久米村的天妃宫，为当地闽人移民社会提供了一个共同祈福的信俗场所。据记载，有年代可考的最早的一座海外妈祖宫庙便是在琉球群岛的那霸下天妃宫，始建于明代。下天妃宫其宫向南，宫前空地数十亩，有方沼池。门左右各有一尊石神。殿宇宽敞宏大，拱门上有明万历三十四年（1606 年）册封使夏子阳、王士祯所立的“灵应普济神祠”匾额，庙堂内有明崇祯六年（1633 年）杜三策、杨伦所立的“慈航普度”匾额。清顺治六年（1649 年）招抚司谢必震立“普济万灵”匾，清康熙二年（1663 年）册封使张学礼、王垓立“普济群生”匾和清康熙五十八年（1719 年）册封副使徐葆光撰写了一副对联：“那霸唐营，并峙两宫分上、下；夏来冬往，安流二至合华彝。”[②]

继移居琉球的闽人社区中出现妈祖宫庙之后，明末清初在日本长崎的海外移民社会[③]中相继出现了一批寺院，简称“唐四寺”。从对唐四寺主祀神情况的统计可以看出（表 5–6），“唐四寺”是以妈祖堂、关帝庙为主体的寺庙[④]。

明末清初日本长崎寺院“唐四寺”主祀神、配祀神情况　　表 5–6

朝代	宫庙名称	现主祀神	配祀神
明天启三年（1623 年）	兴福寺	妈祖	关帝、大道公
明崇祯元年（1628 年）	福济寺	妈祖	关帝、观音
明崇祯二年（1629 年）	崇福寺	妈祖	大道公、关帝、观音
清康熙十七年（1678 年）	圣福寺	妈祖	大道公、关帝、观音

① 杨国桢 . 唐荣诸姓宗族的整合与中华文化在琉球的流播 [M]// 杨国桢 . 闽在海中 . 南昌：江西高校出版社 ,1991:119.
② 黄炳元 . 泉州：妈祖信仰传播的发祥地 [M]// 曲金良 . 中国海洋文化研究（第一卷）. 北京：文化艺术出版社 ,1999:82−83.
③ 清初，我国沿海海商前往长崎从事海洋贸易者日增，不少人留居长崎成了商业移民。另外还有一批流亡日避难的明朝移民，从而形成了移民社会。
④ 内田直作 . 日本华侨社会的研究 [M].[出版地不详]:[出版社不详],1949.

在“唐四寺”之后，清康熙二十二年（1683年）清朝统一台湾，次年开放海禁，我国民间开往日本长崎的商舶数量不断增多，海商群体不断扩大，移民长崎的人数也不断攀升，到了清康熙二十七年（1688年），长崎的幕府为控制中国移民开始建造“唐人坊”，实行集中居住，从而形成特殊的移民小区[①]。在早期，日本方面对唐人坊实行严格的监管指导，但凡遇到举行祭祀妈祖的日子，长崎幕府也准许中国移民出唐人坊参加祭祀活动[②]，但依然不够自由。于是在唐人坊建成的第二年，移民们就建起了供奉土地公的土地堂，清乾隆元年（1736年）建造了天后堂，主祀妈祖，配祀关帝和观音[③]。清乾隆二年（1737年）又修建了观音堂。可见,在中国的移民小区中，民间信俗的重要性，移民们重视和依赖神明的庇佑，因此必然要相继建造一些神庙，供奉崇奉的神灵，满足信俗的需求。

不仅在日本的移民里有移民社会，明朝初年在东南亚也同样出现了移民社会。随同郑和下西洋的巩珍在《西洋藩国志》提到爪哇国（今印度尼西亚）的中国移民中已经出现了移民村舍。中国移民聚集千余家形成村落，这些移民都是从广东，以及福建漳州和泉州通过海洋移民而去的。移民村舍中理应奉祀从闽粤携带的神灵，但未见神庙建造的记载。东南亚的中国人移民社会中最初出现的神庙为神坛与小庙，例如东南亚移民社会中极为普遍的土地公庙。移民社会中最初出现的妈祖庙也是小庙或神坛，如马来西亚供奉妈祖的天福宫原先是个“神龛”，后来发展成一间用土石砌筑的小屋。马六甲的青云亭是在马来西亚马六甲的中国移民社会创建的，在其创建初期也属于此类小庙，此庙最初被称为“华族难民的庙宇”[④]。清康熙十二年（1673年）创建，清康熙三十四年（1695年）扩建成为初具规模的正规庙宇，清嘉庆六年（1801年）再次扩建成规模宏伟的庙宇，表明开发事业与移民社会的发达与壮大[⑤]。

① 山本纪纲．长崎唐人屋敷[M].[出版地不详]:[出版社不详],[出版年不详]:221.
② 山本纪纲．长崎唐人屋敷[M].[出版地不详]:[出版社不详],[出版年不详]:292.
③ 山本纪纲．长崎唐人屋敷[M].[出版地不详]:[出版社不详],[出版年不详]:292.
④ 林孝胜：《草创时期的青云亭》，南洋历史学会，第51页。
⑤ 杨美煊．龟洋古刹[M].福州：海潮摄影艺术出版社,1993:138.

新加坡天福宫的前身也是一座小庙，清道光二十二年（1842 年）建成正规的神庙“天福宫”。从天福宫立的石碑碑文记载可以看到天福宫的建筑材料取自福建泉州[①]。另外新加坡的琼州天后宫的建筑材料是从我国的海南岛运去[②]，由此可见，建造此宫庙所耗费的财力和精力，体现了移民社会对所敬奉神明的重视和虔诚，以及强大的意志力和行动力，是移民社会的规模和力量的象征。

明朝出现了由一种客居他乡的同乡设立的民间组织形式——会馆。会馆一般是从宫庙发展而来的，其出现要晚于宫庙。会馆在中国海洋移民社会中普遍出现大约始于清代。

清中叶时期，海外中国移民社会中出现会馆。其中以福建会馆最具代表性。在 18 世纪末的日本长崎，闽南的移民们率先创建了中国移民的会馆，当时旅居长崎的“漳泉帮”移民创建“八闽会馆”[③]。清光绪二十三年（1897 年），“漳泉帮”移民集资将“八闽会馆”扩建为规模宏大的“福建会馆”。无论是“八闽会馆”还是“福建会馆”，其内都供奉妈祖，所以至今当地华侨还是称“福建会馆”为天后宫[④]。无论是琉球列岛还是日本本土，从长崎到神户，从大阪到东京，都出现了福建会馆及天后宫的身影，闽人的势力版图愈发扩大，现存仍有百座，又以日本长崎为最。这些天后宫多为福建人所建的福建会馆，且福建是妈祖的故乡，在会馆敬奉妈祖，能唤起福建移民的乡愁，增强凝聚力，因此福建群体在海外也显得格外团结，这个优良传统也一直保持到了当今社会。所以几乎有福建移民社会的地方就有福建会馆，而福建会馆殿内也必定敬奉妈祖，久而久之，福建会馆也被称为天后宫。除了长崎的福建会馆，此后大阪、横滨等地的中国移民社会中也相继出现了不同地域的会馆，包括琼州会馆、穗城会馆等。

通过对海洋移民社会中妈祖宫庙与会馆的出现进行对比分析可见，在妈祖信俗的文化流变下，会馆和妈祖宫庙形成了相互渗透的空间，尤其是福建

① 李天锡 . 石狮华侨与新加坡天福宫 [J]. 福建宗教 ,1997.
② 李天锡 . 试论华侨华人妈祖信仰的文化特征及其发展趋势 [J]. 华侨华人历史研究 , 1992(3):7.
③ 李天锡 . 试论华侨华人妈祖信仰的文化特征及其发展趋势 [J]. 华侨华人历史研究 , 1992(3):7.
④ 童家洲 . 日本华侨的妈祖信仰及其与新、马的比较研究 [J]. 华侨华人历史研究 , 1990(4):9.

会馆与天后宫，更是相互渗透。福建会馆由福建移民在海外所建，兴建的目的是联合同乡，兼具祭祀和集会的双重功能，福建会馆传承了天后宫的全部特征和功能，天后宫也成了福建会馆，二者互为传承与演变，也是妈祖宫庙文化流变中最为典型的缩影。

5.2.4 海洋移民社会中妈祖宫庙与会馆的作用与影响

妈祖宫庙与会馆对于海洋移民社会来说有着特殊的含义，不仅是人们向神明膜拜祈愿平安的场所，也是移民群体精神文化的中心。

（1）海洋移民社会中妈祖宫庙的功能

海神庙是维系海洋移民社会感情网络的中枢，从日本和东南亚一些海洋移民社会中可见一斑。在日本长崎的中国海洋移民社会中无论是三江帮还是福建的福州帮、漳泉帮，商人、船主们通常都是以兴福寺、崇福寺、福济寺[①]作为共同的信俗场所。日本长崎的中国商业移民的商船进出长崎港都要举行隆重的送迎神灵的仪式，把商船所供奉的妈祖、观音、关帝等诸神迎入佛寺，供奉在内，等商船返航中国前再隆重送回船上供奉。这种送迎入港船只所供奉神灵的活动是由兴福寺、崇福寺、福济寺三个寺庙轮流进行。这种仪式更是体现了移民们对神明的尊敬，以免船只入港，船上人员上岸，无人照料供奉神灵的香火，以致怠慢了神灵，于日后行船不利。同时，举行这种仪式可以使不同地域商帮的移民以此为契机，加强人际间的互动往来与情感交流，产生并强化认同的心理[②]。

在东南亚的海洋移民社会中，许多妈祖宫庙也具备长崎“唐四寺”的功能，例如，在新加坡，清末中国海外移民每逢农历三月二十三日妈祖诞辰日

① 帮会是海外移民社会的基本社会组织，通常以地缘、血缘、业缘乃至方言为纽带聚集而成，无论会馆还是宫庙，都需要大量的经费建设，其中以商帮、船主、富商的捐赠为资金的主要来源。例如福济寺是福建泉州帮、漳州帮的帮主们倡议与集资创建的，而福州帮的船主们捐资创建了崇福寺。

② 木宫泰彦. 日中文化交流史 [M]. 北京：商务印书馆 ,1980:621.

便会展开游街活动，成为当地华侨社会最热闹的一天[①]。马来西亚的中国移民则在正月十五和妈祖诞辰日时，聚集在妈祖庙膜拜，宴席庆祝，并延续至今[②]。菲律宾马尼拉的妈祖庙福海宫也会在妈祖诞辰日举行隆重庆祝活动，并邀请南京剧团演戏数天[③]。在这种举行共同神灵信俗活动又娱神娱人的氛围中，以神缘为连接，将地缘、亲缘、业缘联结起来，构成中国海洋移民坚韧的情感纽带，将海外游子之心紧密维系起来。

妈祖宫庙还是海洋移民社会集体聚会议事的公共场所。在会馆创立前，有些妈祖宫庙实际发挥着会馆聚会议事场所的作用。例如日本长崎的“唐四寺”就确立了以寺为中心、以地缘同乡为基础的长崎中国海洋移民的自治团体。几百年来，各帮移民的祭祀、联谊、调解、仲裁等均集中在各帮的唐寺办理[④]。各帮唐寺的建立对加强本帮移民的团结，维护本帮移民的发展，有着积极的促进作用。马六甲的青云亭是福建帮海洋移民的总机构，历任亭主均出自福建帮；马来西亚槟城的广福宫由闽粤两省人士共建，是当地闽粤两省移民共同的社会组织；新加坡天福宫则是新加坡福建帮的总机构。可见海洋移民社会中有的妈祖宫庙不仅仅是祭神的场所，还是聚会议事的公共场所，同时还是具有一定权利的自治机构，在海外移民社会中享有一定的权威性。

（2）海洋移民社会中会馆的功能

海洋移民社会中的会馆是移民在移居地事业与人口均发展到一定规模而出现的民间社会组织机构。例如在日本长崎的福建会馆，其内奉祀妈祖，由于长崎的华人移民多数为福建的船员水手，因此他们特别信奉海神妈祖，成为他们地方性的保护神。据《重建长崎八闽会馆碑铭》记载，八闽会馆与福建会馆也是福建帮移民“良辰宴会之所”。可见神缘纽带发挥作用，利用供奉天后加强了地缘性的联系，增强了同乡之间的乡土情感和凝聚力，通过共同神缘的关系，增进了同乡之间文化的认同感。

---

① 出自《南洋学报》第二卷（1941年）第二辑，第72页。
② 记载于《槟城龙山堂碑》清咸丰元年（1851年）。
③ 李天锡.试论华侨华人妈祖信仰的文化特征及其发展趋势[J].华侨华人历史研究,1992(3):7.
④ 郭梁.长崎华侨史迹若干考察[J].华侨华人历史研究,1990(1):7.

会馆还是海洋移民社会的组织与管理机构。例如新加坡福建会馆，该会馆成立于清咸丰十年（1860 年），办事处设在供奉妈祖的天福宫内。凡闽籍移民的结婚证书均需在福建会馆登记，并由会馆主席盖章才能生效。可见会馆与神庙的功能逐渐扩展到对海洋移民日常生活的管理。海外移民初到移居地必然要经历环境和心理的双重压力考验，为了生存与发展，必须团结相助，移民社会组织应运而生。

无论是妈祖宫庙中设立会馆，还是会馆中提供宫庙的功能，都是妈祖宫庙建筑文化流变的一种物化表现。一方面通过会馆建筑展现移民社会组织的实力，给移民物质性的后盾依靠；另一方面通过共同的信俗祀神活动，让移民群体在与神明交流过程中增强移民之间彼此身份认同和情感认同，增强凝聚力，形成一种精神依靠。

科学技术的发展改变了人们长期封建守旧的观念，妈祖信俗也渐渐失去往日的影响力。但是海外的华侨和台湾同胞，对妈祖的信俗依然虔诚，当年先人们奉请海神妈祖从大陆移居天涯海角，经过多少岁月，都没有忘记自己是炎黄后裔。身在海外，根在故土，他们敬奉海神以寄托乡思，例如每年海外侨胞和台湾同胞都会组织进香团，回大陆到妈祖庙祭祖进香，以表对故国家园的思念。从这个意义上来说，妈祖信俗是海外侨胞、台湾同胞与祖国大陆联系的纽带，妈祖宫庙及会馆建筑是承载纽带的载体，其产生的民族凝聚力，把神缘关系与血缘关系融入一起，妈祖信俗对于所有炎黄子孙来说也有了新的意义。

第6章

总　结

6.1 闽南妈祖宫庙建筑的时空探究

通过从地理角度走访整理闽南妈祖宫庙建筑的时空分布及遗存情况，梳理了闽南地区妈祖宫庙建筑的主祀类别，展现了闽南地区悠久的民间信俗与海洋文化，折射出中国海洋文化及妈祖信俗的地域特性。

闽南海洋渔业的历史发展、渔业活动与妈祖信俗息息相关，通过闽南渔村的田野调查，分析了渔村、渔业作业主、渔民家庭等不同的妈祖信俗的祭祀行为，对泉州市惠安县惠东地区展开了渔民妈祖信俗的调查，证明了妈祖信俗作为精神内涵联系着当地渔村的自然与社会，并对渔村渔民的日常生活与精神生活产生深刻的影响。

研究海港商舶的妈祖信俗，探讨了海商港市与妈祖信俗的关系，通过对闽南泉州港、漳州月港、厦门港在不同历史时期的发展过程进行梳理，证实了妈祖信俗与海商港市的兴衰发展息息相关，海洋的自然特性形成了港市社会与海洋的特殊关系，塑造了港市具有海洋人文的心态特征，是港市民间社会意识形态的体现。妈祖信俗是闽南沿海地区的一种普遍的民间信俗。妈祖信俗是海洋特殊社会意识形态的重要内容，它以特定的形式给予海洋社会经济活动以意识形态的支持和心理抚慰，闽南海商的海外贸易发展也促进了妈祖信俗文化的对外传播和文化流变。

6.2 民间信俗类宫庙建筑的类型与空间组织

信俗类建筑是中国建筑传统中最重要的公共建筑类型之一。民间信俗类建筑一方面会受民间信俗文化的影响，另一方面也会因地域的自然地理、资源经济和社会文化条件而呈现出独特的地域性特征，其信俗活动，往往与生产生活性活动紧密结合，并对聚落整体结构和建筑形式产生重要的影响。

民间信俗类宫庙建筑包括自然、行业、神灵、人物四种类型。其建筑形制研究主要从建成环境和建筑秩序展开，在不同类型的民间信俗类宫庙建筑中，拥有不同的建成环境表现形式，其中闽粤沿海的建成环境表现为信俗宫庙建筑林立、各类民间信俗共存且高度发达，并与海洋生产生活息息相关。

建成环境的精神要素也非常重要，民间信俗活动和信俗文化对民间信俗类宫庙建筑的聚落选址布局和整体空间格局的规划与营造等建成环境产生强大的影响，精神层面对建筑空间的影响体现在民间宫庙建筑的合院形态与屋顶形式上。另外，精神信俗活动对民间信俗类宫庙建筑的建筑秩序也产生影响，民间信俗类宫庙建筑在聚落整体空间格局中占据中心地位，其主要空间组织模式包括单进式、多进院落式、集中式、单一整体建筑空间四类空间组织模式。民间信俗类宫庙建筑与地域环境紧密相连，具有很强的地域性，并深受地域性民居建筑体系的影响。

6.3 闽南地区妈祖宫庙建筑的环境营造

妈祖宫庙建筑的环境营造主要从时空分布的典型性、闽南妈祖宫庙的选址布局、妈祖宫庙与闽南铺境的关系、妈祖宫庙建筑的遗存情况等方向展开研究。一是以妈祖宫庙的代表天后宫为例展开时空分布的典型性研究，总结出不同年代的天后宫的分布，可见妈祖宫庙的空间分布受行政建制变化迁移、朝廷决策影响巨大。二是从闽南妈祖宫庙的主祀类别和时间分布特点中可以看出，明清时期为妈祖宫庙发展最为繁荣的时期，有 63 座妈祖宫庙建于这个时期，占比达 42.6%；而在祭祀类型中，妈祖信俗最为普遍，占比达到 88.4%，其次为玄天上帝，闽南不同地域间主祀神情况一致，但合祀神略有不同，厦门主要为妈祖与保生大帝的合祀。三是在选址布局的空间特点研究中，选取了泉州市及厦门市的 54 座妈祖宫庙为研究对象，发现妈祖宫庙选址分布中有 87% 的紧邻水系、67.7% 占据城镇中心地带，紧邻水系的宫庙中又有 61.7% 的邻近港口码头，可见独特的地理位置、海港运输条件，以及城镇发展水平都对闽南妈祖宫庙建筑的类型和分布产生深刻影响，这些场所也是妈祖宫庙的主要分布地点。四是研究发现闽南铺境空间每个“境”内都有一座境庙，境庙内供奉一尊或多尊神灵，祖先神与境主神一起供奉，说明了铺境庙祀神还具有宗族性特征。闽南妈祖宫庙与铺境空间关系紧密，通过对惠东渔村聚落的妈祖信俗与铺境空间关系的调查，可见其由头目宫庙、各类境主庙、家庙族庙一道组成闽南铺境空间与妈祖信俗的组织系统，当“铺—境”这一组织成为当地区划体系的一部分时，这些铺境宫庙的建筑形制便也开始影响着当地的聚落空间形态。五是借助大量的实地调研数据，从妈祖宫庙地址、建造年代、主要祀奉的海神类型等方面汇总制表，掌握现有的闽南妈祖宫庙建筑的遗存情况，数据有超过半数为实地调研取证，为未来相关研究提供了充实的数据支持。闽南妈祖宫庙分布反映了其深受海洋地理与海洋文化的双重影响，形成了鲜明的地方特色。

6.4 闽南地区妈祖信俗宫庙建筑与仪式行为

妈祖信俗仪式行为对宫庙建筑环境营造产生的影响研究主要从妈祖信俗仪式对空间的影响以及妈祖信俗与聚落日常的关系两方面入手。妈祖信俗仪式对空间的影响，主要从仪式活动与祭祀空间的关系展开研究，妈祖信俗仪式空间以蟳埔村妈祖巡游为例，在仪式庆典的影响下，巡境成为地域界限确定化和清晰化的手段，形成了以妈祖宫庙建筑顺济宫空间为核心，共同的海神妈祖信俗为依托，蟳埔村的铺境组织为骨架，妈祖巡境仪式为手段的特点鲜明的闽南铺境小区空间单元。还通过银同天后宫的农历十五敬神活动，对仪式引导空间位序以及仪式内容与平面布局两方面加以说明，从建筑空间层面证明妈祖信俗仪式活动和建筑空间的关系。另外，妈祖信俗与聚落日常密切关联，在调研中发现了大量妈祖信俗与交通空间、生产生活空间、商业产业空间及娱乐空间的联系。

6.5 闽南地区妈祖信俗宫庙建筑的体系与空间

闽南妈祖宫庙的初始原型由闽南民居进化而来。通过与闽南民居的对比发现，闽南妈祖宫庙建筑的平面布局特征源流深受闽南民居的影响。包括中心组织布局、红砖建筑形式、屋顶构成形式等，民居建筑为闽南妈祖宫庙建筑提供了建筑布局等参考。闽南妈祖宫庙建筑形制受闽南民居建筑的四合院类型的民居建筑影响最深，联系也最紧密。以院落空间为例，闽南民居院落的世俗功能性转变为妈祖宫庙院落的信俗神圣性，闽南妈祖宫庙与闽南民居在空间形态上是同构的，闽南妈祖宫庙建筑的平面布局基本上是以中轴线为主轴，并先以纵向延伸，再继以横向扩展的发展模式，室内平面布局与闽南民居建筑以合院为中心的组织布局基本一致，都是以四合院为核心或为基本单元组合演变而成的。

通过小岞镇前海村京兆衍派民居与真武庙的平面形制比较，可以发现闽南民居的传统平面布局影响了妈祖宫庙建筑的形制，与传统闽南民居的建筑序列感相比，妈祖宫庙建筑的轴线对称式布局更为明显，有着明确的轴线关系，强调序列感和仪式感。这条轴线纵向延伸且对外封闭，在中轴线上依次布置了前殿、拜亭、主殿。根据中轴线的功能布局，信徒进入前殿，途经拜亭，最后抵达祭神的主殿，做完整套祭拜流程，既是对神明的敬畏和崇礼之心的体现，也是妈祖宫庙平面布局上功能性的体现。

通过大量的田野调查采集的数据汇总比较，得出妈祖宫庙的主要构成元素为前殿（三川殿）、拜亭、主殿、后殿、天井等，次要元素为附属空间。总结闽南妈祖宫庙建筑的地域性形制特征，在基本类型的空间组合研究中，以主要构成元素的拜亭和建筑的进数，以及天井的数量为基本分类依据，将闽南妈祖宫庙分为两殿式单拜亭双天井型、两殿式无拜亭单天井型、两殿式拜亭无天井型、单殿式单拜亭无天井型、多殿式无拜亭无天井型，其中以两殿式单拜亭双天井型平面布局为主。妈祖宫庙以拜亭为主要的连接空间，提供空间祭拜行为的连续性；另外由于闽南地区多台风且高温多雨，拜亭的产生也有气候地域的原因。因此，拜亭作为闽南妈祖宫庙建筑的特殊形制，体现了祭祀仪式活动对宫庙建筑形制的影响，也说明了平面布局方式与地域之间的关系。对闽南妈祖宫庙建筑的附属空间以戏台为例进行了归类分析，得出了四种戏台分布的类型，同样体现了其与仪式活动和地域之间的关系。

6.6 闽南妈祖宫庙建筑的营造特征

闽南妈祖宫庙建筑的营造特征集中体现了闽南海洋文化的底蕴和内涵，也集中反映了妈祖信俗和海洋文化在闽南当地社会的教化意义和人文特征。妈祖宫庙建筑的营造装饰特征，集地方建筑装饰工艺之大成，从闽南妈祖宫庙建筑的立面装饰特征、屋脊装饰特征、龙柱的营造装饰特征、内部装饰器物的构件特征等多方面介绍了妈祖宫庙建筑的营造装饰特征。同时，随着海外移民的增长，妈祖信俗文化也随之传播到海外，闽南妈祖宫庙建筑的文化流变则是这一现象的力证，在全球多地都有妈祖宫庙的存在，体现了闽南海洋文化在世界的传播。

在妈祖信俗的文化传播和文化流变下，福建会馆和妈祖宫庙（天后宫）形成了相互渗透的空间。福建会馆是妈祖宫庙建筑文化流变的一种物化表现，它传承了天后宫的特征和功能，天后宫也成了兼具祭祀和集会双重功能的福建会馆，二者互为传承演变，其建筑背后则是海洋贸易发展所带来的妈祖信俗文化流变的最典型的缩影。

6.7 闽南妈祖宫庙建筑的保护和延续

闽南妈祖宫庙建筑构成了闽南民间社会独有的妈祖信俗文化景观。通过对其选址布局、建筑形制、空间组织等进行系统研究，为闽南妈祖宫庙建筑的保护和延续寻求新的方法与思路。

（1）闽南妈祖宫庙建筑保护的整体观。本研究对闽南宫庙建筑的保护有着启发意义。闽南妈祖宫庙建筑的保护应该注重其整体性，而不是仅着眼于建筑单体本身，还要连同建筑背后的历史变迁以及与周围环境的关系等一同保护。例如对妈祖宫庙建筑的保护，不能忽略其作为妈祖宫庙的选址独特性，与水系的特殊关系，并且要保护妈祖宫庙所赋予的生活和社会过程的完整体系，将自然、人、物、神所构造的妈祖信俗世界进行整体性保护，才能真正体现民间信俗的文化价值，才能让古建筑的保护更加具有活态性。

（2）闽南妈祖宫庙建筑空间形制的传承。时代的快速发展，使得民间口传下的妈祖宫庙的建造规制、建造习俗技艺等渐渐被遗忘，直至今日也没有妈祖宫庙相关的建筑管理机构，这也加剧了珍贵史料的流失；从新建的妈祖宫庙建筑中可以发现，有相当一部分完全凭个人意志做决定建造，失去了对传统闽南妈祖宫庙建筑形制的传承。本研究证明了妈祖宫庙建筑的空间形制有着深厚的建筑原型影响和空间规制，且深受海洋文化影响，并非是毫无来源的个人意志的产物。对妈祖宫庙建筑原型、形制、空间组合、艺术装饰等的梳理，有助于补充和完善妈祖宫庙建筑遗产日后保护和修缮的相关参考数据。

（3）审美更新下的核心礼仪、核心规制的确立。妈祖信俗源于民间，其营造特征也会随着时代不断变换，民间审美的变化则会体现在未来的妈祖宫庙建筑的建设中。

（4）闽南妈祖宫庙建筑体系对当代建筑空间的影响。对闽南妈祖宫庙建筑体系进行梳理和研究，总结出平面空间组合关系的特性，对当代建筑空间的设立提供新的思路。

6.8 本研究的不足之处与研究展望

（1）研究不足之处

本书对闽南地区妈祖宫庙建筑进行了较为全面的分析研究，但由于闽南地区地域广阔，妈祖宫庙建筑分布广泛，且大多数妈祖宫庙没有记录在册，给研究带来了一定困难。本书在研究时尽量多方面、多渠道获取相关资料，由于相关的妈祖宫庙建筑资料极少，关于建筑建造年代的考证大多是现场从碑文中考证所得，而建造者则大多失传，修缮情况也不容乐观，很多宫庙在修缮过程中失去了原先建筑形制的传承。很多时候资料只能从地方志中寻找蛛丝马迹，加之许多宫庙偏僻，很难全面地掌握相关建筑的修建历史及过程，因此数据的整理中难免有缺失不足之处。民间传统匠师的采访缺乏，更多的营造工艺资料也有待进一步深入研究。

（2）研究展望

关于传统建筑的保护一直是大家关注的话题，但民间信俗宫庙建筑的保护则得不到足够的重视。闽南地区的海洋文化底蕴深厚，妈祖信俗拥有庞大的群众基础，妈祖信俗宫庙建筑分布广泛，数量众多，因此对其进行深入调研有利于未来对妈祖宫庙建筑的修缮保护与研究。由于大多数妈祖宫庙属于民间自发建造，且记录在册的海神庙数量稀少，信息更新滞后，即便是卫星定位也很难准确发现其位置，因此需要依靠传统调研的手段，来确认其地理分布；同时许多妈祖宫庙分布在村落，位处偏远，工作环境及调研时间受到许多限制，期望未来可以采用更加现代的技术手段，对其进行扫描、建模，并建立相应的数据库，为后续的修缮保护提供更多基础数据的补充，为闽南地区海洋文化建筑文化遗产的保护提供更多的数据支持。

闽南妈祖宫庙建筑的保护，要特别注重保护其整体性，即妈祖宫庙建筑的自然人文景观，要连同建筑背后的历史变迁以及与周围环境的关系等一同保护，并且要保护妈祖宫庙所赋予的生活和社会过程的完整体系，将自然、人、物、神所构造的妈祖信俗世界进行整体性保护，才能真正体现民间信俗的文化价值，才能让古建筑的保护更加具有活态性。

最后要保持尊重历史，传承历史，创新未来的思路。民间口传下的妈祖宫庙的建造规制、建造习俗技艺等渐渐被遗忘，直至今日也没有妈祖宫庙相关的建筑管理机构，这加剧了珍贵史料的流失。妈祖宫庙并非是毫无来源的个人意志的产物，对妈祖宫庙建筑原型、形制、空间组合、艺术装饰等进行梳理，有助于对妈祖宫庙建筑遗产日后保护和修缮的相关参考资料做出补充和完善。与此同时，营造特征也会随着时代不断变换，民间审美的变化则会体现在未来的妈祖宫庙建筑的建设中。另外，本研究证明了妈祖信俗仪式行为对空间的意义和影响，妈祖信俗仪式是妈祖信俗中的核心，仪式引导了空间位序，强化了轴线空间的秩序性，这也为未来妈祖宫庙建筑的更新确定了基础，无论审美形式如何变化，其核心礼仪与核心建筑规制——人与神的神圣空间，都应该得到确立和尊崇。在这些规制得到保留和尊重的前提下，自然可以设计建造出更加符合当代民间审美需求的闽南妈祖宫庙。

参考文献

一、中文部分

1. 史料典籍

［1］王韬．瀛壖杂志 [M]. 长沙：岳麓书社，1988.
［2］李鼎元．使琉球记 [M]. 点校本．西安：陕西师范大学出版社，1992.
［3］范端昂．粤中见闻 [M]. 汤志岳，校注．广州：广东高等教育出版社，1988.
［4］周亮工．闽小记 [M]. 点校本．上海：上海古籍出版社，1985.
［5］施鸿保．闽杂记 [M]. 点校本．福州：福建人民出版社，1985.
［6］袁珂．山海经全译 [M]. 北京：北京联合出版公司・后浪出版公司，2016.
［7］梁章钜．浪迹丛谈 续谈 三谈 [M]. 陈铁民，点校．北京：中华书局，1981.
［8］黄省曾，张燮．西洋朝贡典录校注 东西洋考 [M]. 谢方，校注．北京：中华书局，2000.
［9］巩珍．西洋番国志 郑和航海图 两种海道针经 [M]. 北京：中华书局，2000.
［10］刘锦藻．清朝续文献通考 [M]. 杭州：浙江古籍出版社，1998.

2. 地方志

［11］丁世良，赵放．中国地方志民俗资料汇编・华东卷・（下册）[M]. 北京：书目文献出版社，1995.
［12］丘复．武平县志 [M]. 龙岩：福建省武平县志编撰委员会，1986.
［13］永春县志编纂委员会．永春县志 [M]. 北京：语文出版社，1990.
［14］朱彤．崇武所城志 [M]. 点校本．福州：福建人民出版社，1987.

[15] 李世熊 . 宁化县志 [M]. 福州：福建人民出版社，1989.
[16] 吴同永 . 福建省志・华侨志 [M]. 福建：福建人民出版社，1992.
[17] 何乔远 . 闽书 [M]. 点校本 . 福州：福建人民出版社，1994.
[18] 林国平 . 福建省志・民俗志 [M]. 北京：方志出版社，1997.
[19] 林学曾 . 同安县志 [M]. 民国十八年铅印本 . 台北：成文出版社，1967.
[20] 周凯 . 厦门志 [M]. 点校本 . 厦门：鹭江出版社，1996.
[21] 周学曾 . 晋江县志 [M]. 点校本 . 福州：福建人民出版社，1990.
[22] 胡朴安 . 中华全国风俗志 [M]. 石家庄：河北人民出版社，1988.
[23] 泉州市地方志编纂委员会 . 泉州市志 [M]. 北京：中国社会科学出版社，2000.
[24] 徐友梧 . 霞浦县志 [M]. 点校本 . 宁德：霞浦县地方志编纂委员会，1986.
[25] 曹刚，邱景雍 . 连江县志 [M]. 民国十六年铅印本 . 台北：成文出版社，1967.
[26] 黄仲昭 . 八闽通志上册 [M]. 点校本 . 福州：福建人民出版社，1991.
[27] 黄任，郭赓武 . 泉州府志 [M]. 泉州：泉山出版社，1984.
[28] 乔有豫 . 清流县志 [M]. 福州：福建人民出版社，1992.
[29] 戴希朱 . 南安县志 [M]. 南安：南安县志编撰委员会出版社，1989.

3. 书籍期刊

[30] 上海民间文艺家协会 . 中国民间文化・稻作文化与民间信仰调查 [M]. 上海：学林出版社，1992.
[31] 上海社会科学院东亚文化研究中心 . 东亚文化论坛 [M]. 上海：上海文艺出版社，1998.
[32] 上海博物馆资料室 . 上海碑刻资料选辑 [M]. 上海：上海人民出版社，1980.
[33] 王水 . 吴越渔民的信俗与习俗调查 [J]. 民间文艺季刊，1989(2):30，37–39.
[34] 王建国 . 城市设计 [M]. 南京：东南大学出版社，1999.
[35] 王彦辉 . 走向新小区：城市居住小区整体营造理论与方法 [M]. 南京：东南大学出版社，2003.
[36] 王干 . 风水学概论 [M]. 拉萨：西藏人民出版社，2001.

[37] 王铭铭 . 逝去的繁荣：一座老城的历史人类学考察 [M]. 杭州：浙江人民出版社，1999.

[38] 王铭铭 . 走在乡土上：历史人类学札记 [M]. 北京：中国人民大学出版社，2003.

[39] 王铭铭，王斯福 . 乡土社会的秩序，公正与权威 [M]. 北京：中国政法大学出版社，1997.

[40] 王荣国 . 海洋渔船的神灵性探讨 [J]. 中国社会经济史研究，2000(1):72，80-82.

[41] 王荣国 . 明清时期海神信仰与海洋渔业的关系 [J]. 厦门大学学报（哲学社会科学版），2000(3):129-134.

[42] 王荣国 . 清咸丰年间"丰利船"祭神活动分析 [J]. 中国社会经济史研究，2001(1):76，88-94.

[43] 王兴中 . 中国城市社会空间结构研究 [M]. 北京：科学出版社，2000.

[44] 方豪 . 宋泉州等地之祈风 [J]. 台大文史哲学学报，1951(3):20-24，30.

[45] 台湾大学 . 历代宝案 [M]. 台北：台湾大学出版社，1972.

[46] 曲金良 . 中国海洋文化研究 [M]. 北京：文化艺术出版社，1999.

[47] 曲金良 . 海洋文化概论 [M]. 青岛：青岛海洋大学出版社，1999.

[48] 朱坚真 . 中国海洋经济发展重大问题研究 [M]. 北京：海洋出版社，2015.

[49] 朱维干 . 福建史稿（下册）[M]. 福州：福建教育出版社，1986.

[50] 舟欲行 . 海的文明 [M]. 北京：海洋出版社，1991.

[51] 杜仙洲 . 泉州古建筑 [M]. 天津：天津科技出版社，1991.

[52] 李玉昆 . 泉州海外交通史略 [M]. 厦门：厦门大学出版社，1995.

[53] 李国祥 . 明实录类纂（福建台湾卷）[M]. 武汉：武汉出版社，1991.

[54] 李乔 . 中国行业神崇拜 [M]. 北京：中国华侨出版社，1990.

[55] 肖一平 . 妈祖研究资料汇编 [M]. 福州：福建人民出版社，1987.

[56] 吴文良 . 泉州九日山摩崖石刻 [M]. 泉州：泉州海外交通博物馆出版社，1964.

[57] 吴文良 . 泉州宗教石刻 [M]. 北京：科学出版社，2005.

[58] 邱桓兴 . 中国民俗采英录 [M]. 长沙：湖南文艺出版社，1987.

[59] 余秋雨 . 文化苦旅 [M]. 北京：知识出版社，1992.

[60] 余启昌 . 古都变迁记略 [M]. 北京：燕山出版社，2000.
[61] 汪毅夫 . 闽台地方史研究 [M]. 福州：福建教育出版社，2008.
[62] 宋正海 . 东方蓝色文化：中国海洋文化传统 [M]. 广州：广东教育出版社，1995.
[63] 林文豪 . 海内外学人论妈祖 [M]. 北京：中国社会科学出版社，1992.
[64] 林国平，彭文宇 . 福建民间信仰 [M]. 福州：福建人民出版社，1993.
[65] 金涛 . 独特的海上渔民生产习俗：舟山渔民风俗调查 [J]. 民间文艺季刊，1987(12):24，36–38.
[66] 周焜民 . 泉州古城踏勘 [M]. 厦门：厦门大学出版社，2007.
[67] 宗力，刘群 . 中国民间诸神 [M]. 石家庄：河北人民出版社，1986.
[68] 胡友鸣，马欣来 . 台湾文化 [M]. 沈阳：辽宁教育出版社，1991.
[69] 施伟青，徐泓 . 闽南区域发展史 [M]. 福州：福建人民出版社，2007.
[70] 姜彬 . 吴越民间信仰民俗：吴越地区民间信仰与民间文艺关系的考察和研究 [M]. 上海文艺出版社，1992.
[71] 庄为玑 . 古刺桐港 [M]. 厦门：厦门大学出版社，1990.
[72] 徐晓望 . 福建民间信仰源流 [M]. 福州：福建人民出版社，1993.
[73] 高有鹏 . 中国庙会文化 [M]. 上海：上海文艺出版社，1999.
[74] 郭于华 . 仪式与社会变迁 [M]. 北京：中国建筑工业出版社，2001.
[75] 陈小冲 . 台湾民间信仰 [M]. 厦门：鹭江出版社，1993.
[76] 陈支平 . 福建六大民系 [M]. 福州：福建人民出版社，2000.
[77] 陈允敦 . 泉州古园林钩沉 [M]. 福州：福建人民出版社，1993.
[78] 陈希育 . 中国帆船与海外贸易 [M]. 厦门：厦门大学出版社，1991.
[79] 陈垂成 . 泉州习俗 [M]. 福州：福建人民出版社，2004.
[80] 陈国强 . 妈祖信仰与祖庙 [M]. 福州：福建教育出版社，1990.
[81] 陈国强，石奕龙 . 崇武大岞村调查 [M]. 福州：福建教育出版社，1990.
[82] 陈国强，蔡永哲 . 崇武人类学调查 [M]. 福州：福建教育出版社，1990.
[83] 陈进国 . 信仰仪式与乡土社会：风水的历史人类学探索 [M]. 北京：中国社会科学出版社，2005.

[84] 孙尚扬 . 宗教社会学 [M]. 北京：北京大学出版社，2001.

[85] 张小军 . 乡土中国・蓝田 [M]. 北京：生活・读书・新知三联书店，2004.

[86] 张震东，杨金森 . 中国海洋渔业简史 [M]. 北京：海洋出版社，1983.

[87] 隗芾 . 潮汕诸神崇拜 [M]. 汕头：汕头大学出版社，1997.

[88] 彭文新 . 屺坶岛村民俗文化调查 [J]. 民间文学论坛，1989(5):10，27–29.

[89] 黄亚平 . 城市空间理论与空间分析 [M]. 南京：东南大学出版社，2002.

[90] 董鉴泓 . 中国城市建设史 [M]. 北京：中国建筑工业出版社，2004.

[91] 申士嚾，傅美琳 . 中国风俗大辞典 [M]. 北京：中国和平出版社，1991.

[92] 冯友兰 . 中国哲学简史 [M]. 北京：北京大学出版社，1996.

[93] 费孝通 . 乡土中国 [M]. 北京：生活・读书・新知三联书店，1985.

[94] 贺业钜 . 中国古代城市规划史 [M]. 北京：中国建筑工业出版社，1996.

[95] 杨国桢 . 闽在海中：追寻福建海洋发展史 [M]. 南昌：江西高校出版社，1998.

[96] 杨宽 . 中国古代都城制度史研究 [M]. 上海：上海古籍出版社，1993.

[97] 厦门市社会科学界联合会 . 迈向 21 世纪海洋新时代："厦门海洋社会经济文化发展国际学术研讨会"论文选 [M]. 厦门：厦门大学出版社，2000.

[98] 专题编写组 . 泉州港与古代海外交通 [M]. 北京：文物出版社，1980.

[99] 福建省泉州市建设委员会 . 泉州民居 [M]. 福州：海风出版社，1996.

[100] 赵秀玲 . 中国乡里制度 [M]. 北京：社会科学文献出版社，1998.

[101] 蒋维锬 . 妈祖文献资料 [M]. 福州：福建人民出版社，1990.

[102] 郑振满，丁荷生 . 福建宗教碑铭汇编：兴化府分册 [M]. 福州：福建人民出版社，1995.

[103] 郑振满，陈春声 . 民间信仰与社会空间 [M]. 福州：福建人民出版社，2003.

[104] 欧阳宗书 . 海上人家：海洋渔业经济与渔民社会 [M]. 南昌：江西高校出版社，1998.

[105] 刘敦祯 . 中国古代建筑史 [M]. 北京：中国建筑工业出版社，1984.

[106] 刘赵元 . 海州湾渔风录・一 [J]. 民俗研究，1991(1):17，35–41.

[107] 刘赵元 . 海州湾渔风录・二 [J]. 民俗研究，1991(4):18，65–71.

[108] 刘赵元 . 海州湾渔风录・三 [J]. 民俗研究，1991(7):19，77-85.
[109] 刘晓春 . 仪式与象征的秩序 [M]. 北京：商务印书馆，2003.
[110] 潘宏立 . 一个闽南渔村的信仰世界：福建惠安港村信仰民俗的田野调查 [J]. 民俗研究，1991(2):52，78-84.
[111] 戴志坚 . 闽海民系民居建筑与文化研究 [M]. 北京：中国建筑工业出版社，2003.
[112] 粘良图 . 晋江文化丛书第二辑：晋江碑刻选 [M]. 厦门：厦门大学出版社，2000.
[113] 谢必震 . 中国与琉球 [M]. 厦门：厦门大学出版社，1996.
[114] 龚洁，何丙仲 . 厦门碑铭 [Z]. 厦门市文物管理委员会办公室，厦门博物馆，1991.

4. 学位论文

[115] 杜正乾 . 中国古代土地信仰研究 [D]. 成都：四川大学，2005.
[116] 李贺楠 . 中国古代农村聚落区域分布与形态变迁规律性研究 [D]. 天津：天津大学，2006.
[117] 邱建伟 . 走向“天人合一”：建筑设计的人文反思与非线性思维观建构 [D]. 天津：天津大学，2006.
[118] 汪丽君 . 广义建筑类型学研究 [D]. 天津：天津大学，2002.
[119] 宋昆 . 传统居住形态更新保护研究 [D]. 天津：天津大学，1997.
[120] 林从华 . 闽台传统建筑文化历史渊源的研究 [D]. 西安：西安建筑科技大学，2003.
[121] 姜修宪 . 环境・制度・政府 [D]. 上海：复旦大学，2006.
[122] 高凯 . 地理环境与中国古代社会变迁三论 [D]. 上海 . 复旦大学，2006.
[123] 陈志宏 . 闽南侨乡近代地域性建筑研究 [D]. 天津：天津大学，2005.
[124] 陈进国 . 事生事死：风水与福建社会文化变迁 [D]. 厦门：厦门大学，2002.

［125］张玉坤 . 聚落·住宅：居住空间论 [D]. 天津：天津大学，1996.
［126］彭晋媛 . 和而不同：中国传统建筑文化的伦理背景研究 [D]. 天津：天津大学，2001.
［127］黄忠怀 . 空间重构与社会再造：城市化背景下特大城市郊区社区发展研究 [D]. 上海：华东师范大学，2005.
［128］单菁菁 . 城市社区情感研究 [D]. 北京：中国社会科学院，2003.
［129］赵劲松 . 建筑的原创与概念的更新：在形式之外寻找创新的起点 [D]. 天津：天津大学，2005.
［130］关瑞明 . 泉州多元文化与泉州传统民居 [D]. 天津：天津大学，2002.

二、英文部分

［131］GIDDENS A.THE THIRD WAY:The renewal of Social Democracy[M]. Beijing:Peking University Press,2000.
［132］AHERN E M. Chinese Ritual and Politics[M].Cambridge:Cambridge University Press,1981.
［133］FEUCHTWANG S.The Imperial Metaphor:Popilar Religion in China.[M]. London:Routledge& Kegan Paul,1992.
［134］CROOTAERS W A.The Hagiography of the Chinese God Chen-wu: The Transmission of Rural Traditions in Chahar[M].Folklore Studies,1952.
［135］HABSEN V L. Popular Deities and Social Change in the Southern Song Period (1127–1276)[M].Pennsylvania: University of Pennsylvania,1987.
［136］HAYES J.Specialists and Written Materials in the Village World[M]. California: University of California Press,1985.
［137］KALLUS R. Neighborhood–the Metamorphosis of An Idea[J].Journal of Architectural and Planning Research,1997.
［138］FEUCHTWANG S.Boundary Maintenance:Territorial Altars and Areas in Rural china Cosmos[M].Edinburg :The university of Edinburg Press,1992.

后　记

闽南人一生必经的“空间”

海洋是闽南人讨生计的来源，也是闽南人信仰世界的重要组成部分。庙从海上来，敬奉神明是他们对海洋的敬畏之心，同时，神明与宫庙也是他们捍卫陆地利益的后盾。

本次研究让我对闽南人的民间信俗观念有了更加深刻的认识，可以说每位闽南人的心中都装着一个宇宙，这个宇宙包括天地、神圣与世俗。天地孕育自然万物，是人类的家园，世俗包含对祖先的敬奉，而对神圣的敬意，又渗透在一草一木的生活中。所以闽南人对自然、天地、神圣始终保持着一颗敬畏崇礼之心，这就是闽南人最朴素的世界观，它形成的那么自然和普遍，每一村，每一角落，每一片海，山头水尾边，田头厝边，船舱脚灶边，对自我宇宙观的守护，从不怠慢。

宫庙，则是包括我在内的许多闽南人一生都绕不开的必经“空间”。闽南人自小就会被祖父母带到这里，包括我，依稀记得小时候被外婆带去南安的某座庙宇，看精美的壁画，听传奇的故事，那种与神明的亲近感似乎很早就会在闽南人心中扎根，所以当他们成年后也依然不会忘记心中的那个“空间”。所以闽南人对待神明不曾懈怠过，虽然如今远洋作业的人在减少，但对妈祖的敬奉并未减弱，妈祖的“神职”也在不断进化，成了“全能神”；在闽南人的眼中，环境是一个整体的世界，他们看中自然的环境，在意山脉的完整，坚守老祖宗的传统，忌惮对堪舆和宫庙的破坏，这是当地人世世代代守护着的世界观。但时代的洪流总是裹挟着层出不穷的现代规划，试图以景观的语言来达成与当地人世界观上的和解。在厦门孚惠宫调研的时候，宫庙负责人李瑞和先生在得知我的研究内容后，激动地握着我的手，嘱咐我一定要做好相关的研究，并希望我能帮助他梳理好孚惠宫的相关资料，借此来保护他们的宫庙免受地产开发商的侵扰。看着李瑞和先生甚至有些湿润又充满希望的双眼时，那一刻让我深知这份研究的价值和意义，也更加坚定了我继续这项研究的信心。时代的洪流无法阻挡，当地人坚守的世界也必然会一次次面临被撕裂的命运，但即便如此，我们还是可以庆幸在高层建筑群中，在高速公路桥下，在高铁沿线边，在菜市场集市中，依然能看到香火不断的海神宫庙；当地人坚定地维护着他们的神明、文化，而神明也同样庇佑着他们的世界观，相互依靠共生。

神明、人构成了鲜活的人文关系，延续着也稳固着当地的社会传统，这种宇宙观影响着闽南人的生活，世代如是。妈祖宫庙就像一个载体，为代代生活于此的人们提供“空间”，形成属于他们自己的信俗、行为模式、情感与态度。正是有了这样根深蒂固的虔诚，闽南人的这种社会文化才得以经久不衰延续下去……